U0907790

黑羊效应

陈俊钦 / 著

UNITY PRESS 团结出版社

图书在版编目（CIP）数据

黑羊效应/陈俊钦著．—北京：团结出版社，
2016．6
ISBN 978-7-5126-4081-8

Ⅰ.①黑… Ⅱ.①陈… Ⅲ.①心理学—通俗读物
Ⅳ.①B84-49

中国版本图书馆 CIP 数据核字（2016）第 071061 号

出 版：团结出版社
（北京市东城区东皇城根南街 84 号 邮编：100006）
电 话：（010）65228880 65244790
网 址：www.tjpress.com
E-mail：65244790@163.com
经 销：全国新华书店
印 刷：三河市兴达印务有限公司

开 本：900×1270 1/32
印 张：8
字 数：130 千字
版 次：2016 年 6 月 第 1 版
印 次：2016 年 6 月 第 1 次印刷

书 号：978-7-5126-4081-8
定 价：39.80 元

序1

生活中，大家或多或少都曾目睹、听闻甚至涉入过排挤或欺凌他人的事件。

如果对这些事件进行深入分析，就会发现其起因竟是如此荒唐——只是因为一些无关痛痒的小事，比如“他很胖”“他成绩很差”“他性格过于内向”“他太引人注目了”等，就引发众人对某一个人发起攻击。

而不想成为加害者和受害者的人，宁愿选择冷眼旁观，也不愿向有能力改善这种现象的人反映，直到最后受害者被迫离开，荒唐的闹剧才得以画上句号。

这就是黑羊效应，由黑羊、屠夫、白羊所构成的群体献祭仪式。

◎无助的黑羊——受害者

我到底做错了什么？为什么他们要这样对我？我都低声下

气了，为什么他们反而更加愤怒？我该怎么做才能逃离这种生活？

◎持刀的屠夫——加害者

总之，一切都是“黑羊”的错，我们才是正确的。“黑羊”是不可能悔改的，“黑羊”那些讨好我们的行为都是虚伪的假象，一定要好好制裁“黑羊”。

◎冷漠的白羊——旁观者

反正两边一定都有错，还好我跑得快，不然我就变成了受害者。我才不想被牵扯进去，他们爱闹就去闹好了，跟我又没有关系。

在现实生活中，黑羊效应是一群好人欺负一个好人，其他好人却坐视不管的诡谲现象。其实，“黑羊”的过错微不足道，甚至根本就没有犯错；“屠夫”并非大奸大恶之徒，也不是要故意伤害他人；“白羊”以为置身事外就事不关己，却料不到自己也会转变成“黑羊”或“屠夫”。“黑羊”越是示弱与讨好，就越会强化“屠夫”的下手力道。随着时间的推移，双方的关系就如同日渐扩大的死结，无人能解。等“黑羊”消失后，一切才恢复平静，仿佛什么事都没有发生过一样。但回头细想事件最初的起因，却没有人能说得出来。而伤痛依然留在受害者身上，久久不能康复。

可以说，有群体出没的地方，“欺凌”与“排挤”的现象就不会消失。受害者就像白羊群中最特别的黑羊，一举一动都会成为被人挑起攻击的理由。而加害者也不见得是坏人，却在群体意识的逼迫下成为持刀的屠夫。在一旁的旁观者，则成了不敢吭声的白羊。

在这本书中，作者陈俊钦将带领读者透过各种角度去认识受害者、加害者和旁观者的心理进程。顺着他的指引，一窥囚禁着你我的“黑羊效应”是如何被建构与瓦解的，以及当自己身陷其中时又该如何自救，如何一步步让伤口愈合，回归生活的正轨。

编者

序2：你快乐吗？

我想，现在能够爽朗地大声回答“我很快乐”的人恐怕没几个。

回想一下，你五岁时，想要的东西一大堆，可是能得到的却很有限。大人们一直在争吵着，但你宛如有金钟罩一样，把自己与身边的忧愁隔得远远的。即使某一天你因为犯错而被父母惩罚，你也能很快就和小伙伴们玩得不亦乐乎。

奇怪的是，为什么你在五岁时就已经认识快乐，长大后反而忘掉了呢？是你的欲望增加了吗？不，我敢打赌五岁小孩的欲望比你还多，而且更梦幻，更不切实际。是你忘记了怎么生活吗？恐怕也不是，因为当年一样没人教过你怎么生活。是你总是想得太多吗？这可能是其中的一个原因。问题是，谁让你从一个天真烂漫的孩子变成了一个眉头紧锁的“大人”呢？那是你个人的问题吗？如果是，市场上有一大堆教人怎么快乐的书籍，如果有效，怎么还是有那么多人不快乐呢？有没有可能问题不是出在你身上？简单讲，不是你忘记了快乐，而是在成长的过程中，你被“打劫”了——你与生俱来的快乐被情绪的“土匪”掠夺一空。

这本书是我思考、观察与学习超过二十年的心得。我一直在注视着那群情绪的“土匪”是如何把我们的快乐给掏空的。

回想一下，你是否有过在团体中被别人忌妒，在背后遭人议论的经历？是否有种自己什么也没做，大家却不由分说就认定你一定有错的感觉？当你得到肯定的回答时，说明你正被“黑羊效应”所困扰，它正在一点一点地将你的快乐“掏空”。

很少有人知道，这个社会每天都在把某些无辜的人抓来当“黑羊”，极尽所能地欺侮他们，并让整个团体进入共犯结构。

“黑羊效应”是一个对人类影响最深远，却也最少有人意识到的诡计。本书不仅能让你看见整个“黑羊效应”的全貌，还能让每一位猛然惊觉自己处境的“黑羊”们，都能安心地找到回家的路。

如果你准备好了，欢迎来到你日常生活中让你痛苦、沮丧、灰心的另一个平行宇宙，那是一个充满暗物质、暗能量的永夜世界，就在你触手可及的明亮空间里。

陈俊钦

CHAPTER 01

被围困的黑羊：大众情绪下的无辜受害者

CHAPTER 02

正视你的心灵暗影，才有机会打破人生困局

CHAPTER 03

一群好人为什么会无端欺负一个好人

CHAPTER 04
为什么加害者意识不到自己做了坏事

CHAPTER 05
噤声的白羊：旁观者的形成、心境与行为

CHAPTER 06

内心创伤可以治愈，但受创经历难以遗忘

CHAPTER 07

破局，不要给黑羊效应创造机会

CHAPTER 08

如果黑羊效应无可避免，你要如何自救

CHAPTER 01

被围困的黑羊：大众情绪下的无辜受害者

为什么你会成为受委屈或受伤害的一方

通常，故事的开始是无声无息的。

发生的地点往往是个新环境，例如，刚开学的大学一年级新生班，公司增设的一个新部门等。你跟其他同学或同事一样，都是新人，对彼此的了解相当有限。而你唯一明白的是，在接下来的时间里你们会互相接触。为了达成你的目的，不管是求学还是工作，你和其他人最好能和平共处——即便不能变成朋友，但也不能搞坏关系。只有这样，你做起事来才能得心应手，当然，如果能有幸与其他人成为朋友，那是再好不过的了。几乎毫无例外的是，其他同学或同事也会这么想，所以在整个教室或办公室里会笼罩着一种客气而平和的氛围。

直到有一天，发生了一件微不足道的小事，比如，你跟另外一位同学或同事之间有了一点意见上的不合，或者你被误解而感到委屈。任何鸡毛蒜皮的事都可以，哪怕只是你刚磨好的咖啡被一位同学或同事无意间打翻了这种小事。总而言之，你必须是受委屈或受伤害的那一方，但是你根本没把这件事放在心上，你什么也没说，什么也没做，甚至在内心里连一丝不舒服也没有。

此后，一切都不对劲了。从第二天开始，你察觉到对方似乎故意躲着你，但你不知道为什么。即使你若无其事地主动跟对方聊天，那种尴尬也一样存在。又过了几天，你发现即使你用轻松的语调与对方说话，也不能消除那种格格不入的感觉；相反，你却能感受到来自对方的些许敌意。你观察得越入微，就越困惑。几天前的那件小事，貌似不足以解释对方的这种行为与态度。况且，即便对方内心狭隘或者个性古怪，但真正的受害者是你，就算要耿耿于怀，那个人也该是你才对吧？

当你尝试在大脑里搜索各种信息时，却找不到任何蛛丝马迹。此时，如果你直接开口问对方，刚开始时对方可能会感到惊讶，但很快就会恢复平静，并急忙解释没有什么异常。在随后的生活里，你为了避免再遇到那种尴尬的感觉，通常会刻意地疏远对方。当不得不与对方面对面时，你只好讲一些客套话，但你能明显感觉到自己讲得语无伦次。随着时间的推移，那种尴尬与格格不入的感觉越来越明显。更奇怪的是，无论你怎么问对方，也找不到问题所在。

虽然那种异样的感觉让你不舒服，但因为你是新人，为了赶上进度，你必须全身心地投入到工作或学习中。只有在不经意间，当你与那位同学或同事（这时，你会把他当作一个“怪人”）双目直视时，先前的画面才可能再度浮现。于是，一些尴尬的感觉会混杂着一点纳闷或愤怒在你的大脑里出现。但你不会再有什么反应，因为你要把更多的精力投入到工作或学习中。

看穿黑幕

黑羊效应的发生通常都是难以追溯的，因为导火线大都是微不足道的日常琐事，即便你当时感到异样，最终也只会归咎于是自己的神经太过敏感，并会告诉自己别太杞人忧天。

谁在找你麻烦，你是在跟空气打架吗

就在不知不觉中，怪异的感觉慢慢扩散了。

起初，只有那个“怪人”让你感到尴尬，渐渐地，你发现“怪人”变成了怪怪的“小团体”，而后这个“小团体”就像肿瘤般越来越大。

等你注意到事态不对的时候，整个班级或工作环境内的团体气氛已经发生了变化。你觉得有些人似乎在对你指指点点，但你不敢确定；有些谣言似乎在影射你，但你一样不敢确定。一是你不想对号入座，二是你也有点怀疑自己是不是太敏感了，三是生活又忙又紧凑，你实在没有余力去管这些。因此，你只好当作什么也没有发生。

你可能会跟好朋友或家人谈论此事。

刚开始的时候，他们会半信半疑地听你述说，然后安慰你几句。他们会跟你说：“你太敏感了，根本不可能有这种事。”

最后，你被说服了，你也觉得他们说得对，可能真的是自己太敏感了，说不定过一段时间，这种异样的感觉就会消失。

糟糕的是事与愿违，对你不利的氛围丝毫没有好转，反而越来越强烈，对你指指点点的人也越来越多。

现在你已经能确定别人确实在针对你，而他们对你的评价也越来越负面，越来越夸张，更糟糕的是，先前只是影射，现在竟然指名道姓地说了出来。

到了这个时候，你已经确定他们的攻击是针对你的。可他们为什么要这么做？你得罪了谁？你全然不明白，唯一能确定的是越来越多的人在议论着你的言谈举止，甚至穿着打扮。你想了解到底怎么了，但你无论向谁发问都问不出答案。此时，一些前辈会对你说诸如此类的话。

“如果不是你得罪了他的朋友，就是你挡了人家的财路，或者主管对你比较好，引起了别人的忌妒。”

“有一两个同事看你不顺眼，这还有点可能。但你又不是什么大人物，大家议论你干什么？我看你啊，是电影看得太多了，胡思乱想的成分比较大。”

“唉，你的情形我都明白。社会就是这样，新人都是这么熬过来的，等你混熟了，就不会有这种困惑了。”

你的好朋友、家人会比较相信你，他们跟你一样觉得很奇怪，但他们毕竟不了解你的遭遇，不了解实际情况，所以他们给你的忠告基本上都差不多，不外乎是那些陈腔滥调。

“对别人好一点，不要太以自我为中心。如果有人批评你，你应该先自我检讨，看看自己哪里做错了。要不然，大家为什么都要找你麻烦？”

“对人要有礼貌，就算别人占了点小便宜，你也要告诉自己，退一步，海阔天空，争那一点小利益，而弄得大家不开心，又何必呢？”

“人呢，做事以前就是要先想一想，尤其先为对方想一想，不要想到什么就做什么，这样大家都会受不了你的。”

在绝大多数情况下，你会发现亲朋好友与家人长辈的“忠告”虽然是出于善意，但很少会有支持你的。你只会越听越沮丧，还不如不问，还是自己想办法解决比较好。

于是，你开始尝试跟“对方”沟通，然而“对方”是谁？是那一群人吗？你很快就会发现，那是一群乌合之众。当你接近其中任何一个人的时候，每个人都会有点尴尬地看着你，但并没有什么敌意。只有在你站得远一点，把那一群人当作整体来看的时候，你才会清晰地感觉到那股敌意。通常，你会有一种自己好像在跟空气打架的感觉。

此时，困惑是常有的反应，因为你搞不清楚谁讨厌你，也搞不清楚自己得罪了谁，甚至连自己有没有得罪人都不知道。你唯一清楚的是，有一些人在“造”你的谣，挑你的毛病。但是，你却不知道为什么会这样。

有没有人在背后故意指使？为了找到真相，你用尽全力去打听，但是你找不到有谁在幕后指使，或是对你特别反感，刻意在其他同学或同事之间说你的坏话。就算你直接找那些敌视你的同学或同事来沟通，他们也只会尴尬地说这可能是一场误会。总之，从言语之间，你听不出他们对你有什么太强烈的敌意。

那么你遇到的状况到底算什么？面对这种情况，你又该怎么处理？不理会还是积极反击？

看穿黑幕

随着时间的流逝，受害者会感觉到四周的敌意正在慢慢地接近与放大，再怎么神经迟钝的人也察觉到异样了，但想循声找到敌人时却总是找不到，最后只能默默地承受着。

讨厌你的人这么多，是真相还是幻觉

当你陷入上面的“困局”时，无论你怎么想怎么做都无济于事。那个怪怪的小群体只会毫不留情地攻击你，一天比一天变本加厉。随着攻击强度的增大和攻击频率的提高，参与的人数会快速增加，攻击也会越来越公开，根本就不在意会不会引人注目。

你每退让一步，对方就会向前进一步，丝毫没有停止的意思。你所表现出来的善意，不是没被人接受，就是被恶意地误解、扭曲。

原本对方还愿意与你面对面沟通，但随着攻击“团体”的增加，对方连坐下来沟通也不愿意了，取而代之的是一脸不屑。

最初那种“与空气打架”的感觉消失了，现在你随时都能感受到一种不友善的气氛。没有人敢接近你，仿佛你身上带着“瘟疫”，一旦接触你，就会变成跟你一样被大家讨厌的对象。可是你到底做错了什么？得罪了谁？你还是不明白。

一段时间之后，你的困惑感会快速消散，取而代之的是越来越强烈的愤怒感。此时此刻，你要怎么“转念”，怎么“学会放下”，怎么“不要想太多”，怎么“珍惜自己所拥有的”？你的内心乱糟糟的，不知道如何向他们证明你并没有错。可是即便你能证明又有什么用呢？你以为你很优秀他们就会罢手吗？

你每天都会密切留意着他们的一举一动，恨不得那些人因自己的恶行而得到报应，这样你就可以理直气壮地呐喊：“我没说错吧！不是我爱计较，实在是他们坏透了。”

你也可能产生一些恶毒的想法——恨不得他们因为其他的事件开始内讧，分裂成几个小群体，彼此互相攻击，自作自受。如果因此能把真正的“主谋”给揪出来，那更是理想。说不定，你还会以牙还牙，让他们也尝尽苦头。

很可惜，你所有的心愿都会落空，因为越爱批评你的那些人，人际关系反而越好，他们彼此越来越熟悉，也越来越能玩在一起，而你却如一只孤鸟般，越来越无助。

你所有的亲朋好友都帮不上忙，他们说的安慰话只会让你更加痛苦。虽然你很清楚他们都是为你好，但是他们无法帮你解除困局。

随着时间的流逝，局势会日渐恶化，一个以“讨厌你”为核心的超大型群体诞生了。如果他们讨厌的人不只你一个，你的内心还会平静些。糟糕的是，偏偏他们讨厌的人就真的只有你一个。就算是搞小群体，也不至于这样吧？你孤身一人，而对方的人数却越来越多，彼此间的感情越来越好，能够交谈的话题也越来越广。唯一被遗弃与被讨厌的人，只有你。

如果此时你还能很理性地观察对方，就会发现有些人的行为是让你欣赏的；而他们的友谊甚至是真正深刻而真诚的。但到了这个时刻，你已经不太可能理性地观察对方了，否则，见到对方成员之间的真诚友谊时，你会更加痛彻心扉。即便如此，当你面对那群人的时候，你还是会感觉到强烈的委屈、沮丧、愤怒、迷惘、嫉妒、无价值感。

有时你感觉像是有一把刀狠狠地插入了你的胸口，让你一颗心悬在那里，痛不欲生；有时你感觉全身就像充满了气，简直在下一刻就要炸开似的；有时你感觉自己如同一个蜷缩在阴暗角落的孩子，只想放声大哭。

就算你请了假在家，不必再看到那群人，你也会感到深深的无助与无望，觉得自己不被信任也不值得被信任。你认为自己把一切都弄糟了，觉得自己很无能，对每个想来关心你的人都感到歉疚——不管他们怎么安慰你。

看穿黑幕

讨厌你的人越来越多，渐渐地形成一个团体。他们不再顾及表面的和平，对你的攻击会越来越大胆和公开。你的心理会由原先的不知所措，渐渐演变成各种负面情绪。

你的支持者渐渐消失，生活成了一种酷刑

生活变得一团糟，即便你只是安静地坐在自己的座位上，也会时不时地听到别人在议论你。

如果你无法忍受，反唇相讥，只会招致更多的人对你进行更加剧烈的羞辱。就算在日常的应答当中，讥讽与嘲弄也会越来越多。

指控你的理由，通常都是一些非常空洞、不值一提的琐事。但这些人提到这些事的时候，总是表现出义愤填膺、慷慨激昂的样子，仿佛你犯了滔天大罪似的。

当你尝试向敌对群体奉献出最后一丝善意时，对方非但不珍惜，反而将你的种种行为举止以夸张的形式表演出来，然后引起哄堂大笑。

无助的你会将目光投向那些刚来办公室对你比较友善的新人，通常他们是跟你在同一个小组，或者分配在同一个项目的人。然而，你很快就会发现，不知何时，这些人中有的已经加入

到了敌对群体当中，正跟着其他人一起嘲笑你；有些人则是躲得远远的，不愿意接近你。

时间一久，原本支持你的好朋友、家人、师长、亲友、长辈等，对于你的态度也会逐渐改变。

尤其是同样的情节了说太多遍，而“剧情”也越来越夸张时，他们会逐渐变得不耐烦，甚至可能会反过来指责你“是不是你太敏感了”，或者怀疑你“太专注在工作上，忽略了人际关系”。他们会告诉你“空穴不来风，事必有因”，他们还会告诉你“一个巴掌拍不响，倘若真有此事，想必是你在待人处事上出了问题，才会搞得大家都对你有意见”。

亲人、朋友、父母与师长对你的态度，会越来越趋于一致，都认为你的待人处世有问题，该改进的人是你。虽然你非常渴望听到有人说“你才是对的”。但是，时间一久，这种话你再也听不见。

大家只是一味地指责你，连你最亲与最好的人都不认同你，你也不得不相信是自己的错。你只好强忍悲伤，不断检讨自己的行为，到底哪里有错——偏偏，你怎么找也找不到；或者，你的一些坏毛病别人也有，甚至更多，但是别人都没事，偏偏就是你有问题。

你又气又怒又沮丧又不甘心，但走进那个办公室的时候，你却必须擦干眼泪，强颜欢笑，对别人更加友善与亲切。

此时，如果你勉强挤出个笑容，一句冷冷的话语就会响起：“别装了！越装越恶心！”如果你忍不住悲从中来，泪流满面，大声嘶吼，叙述着自己的无辜与清白，那群人可能会先是一愣，场面有些尴尬。

然而，终究会有人想到办法来破解这尴尬——他们会用夸张的样子模仿你哭泣的模样，那群人随即会再度爆出一阵阵的哄笑，整个残忍的欢愉又再度回来了。

如果你终于受不了了，愤怒地破口大骂，甚至随手拿起身旁任何东西作势打人，他们只会用揶揄的语气高喊着：“×××打人了！我们好害怕！”一边模仿你的动作，一边捧腹大笑地向门外散去。

当这些捉弄和挑衅发展到最高潮的时候，你会听到四面八方都是指责你的声音，但是指责的内容都是一些小得不能再小的事情，有的甚至是无中生有，而你的善意、恶意、诚意……不管什么，通通都会被别人用夸张的语句模仿、讽刺或扭曲，就像我前面讲到的，你会感觉自己就像在和空气打架一样，无从辩解，无从沟通，无从指控，无从反击……

如果你没发疯，却遇到这种事，或是类似的状况，你可能已经成为“黑羊效应”的牺牲品——无处申诉的受害者。

看穿黑幕

受害者无论对抗还是示弱，在敌对群体眼里都是挑衅。此时，成为众矢之的的受害者只会陷入混乱，看着周遭支持的光点渐渐消失，只剩自己孤立无援。

你到底做错了什么，大家要如此对你

现在，我们把时间归零，回到整个故事的开始——想象在一个陌生的空间，到处都有桌椅，看起来就是一间教室或办公室，实际上也是。有一天，来了一群彼此不相识的人，他们基于某种社会上认可的行为聚集在这里，例如，上学、上班等。

在这样的群体中，每个人都知道彼此在以后的日子里将会长期相处，因此不能为所欲为，不能以过客心态去面对这些陌生的脸孔和这个陌生的环境，要不然，接下来的日子可能会变得很尴尬。于是，从一开始你想给别人留下一个好印象，因为这有助于你将来建立起良好的人际关系。通常，绝大多数人都会这么想，也会这么做。可是，一个非常现实的问题横在眼前：大多数人你都不认识，怎么办？

面对每一张新面孔，你开始思考："他是一个什么样的人？我该如何应对？我该热情地跟他打招呼，还是装作没看见？如果不得不面对面交流，我该主动开口吗？我眼睛该看哪里，又该说什么，才能给对方留下好印象，以便建立起我未来良好的人际关系？”

你担心无法获得对方的好感，所以害怕自己的表现不够好。然而，对方的行为中，哪些代表友善，哪些代表不满，你并不清楚。同样，对方也不知道你的行为中哪些代表善意，哪些代表恶意。

你们彼此了解得太少了，当你试图伸出友谊之手时，对方的笑容往往很不自然，反应也有些迟钝，因为对方需要时间来判断你的用意。仅是这点，就足够让许多容易紧张而缺乏自信的人却步了。

对方给出的反应，你一样会小心翼翼地去解读。你不清楚自己是否能被对方接纳，自然会担心自己的表现，这样一来你就容易变得焦虑，也就是心理学上所说的“社交焦虑”。

一个人焦虑不打紧，要是一群人都在焦虑呢？你的故事就开始于集体焦虑状态中——一大群陌生人长期待在一个陌生的环境才会形成这种状态。

表面上，整体的气氛是客气、紧密、友善而敏感的。然而，只要细心去体会，就会发现每一种气氛都被不合理地夸大了，变成了过度客气、过度紧密、过度友善与过度敏感。从精神病理学来看，这象征着整个团体有相当大的压力，就像龙卷风出现前的那一片母云——又浓又黑，雷电交加。虽然龙卷风还没出现，但破坏力正在快速增强中。

在心理问题逐渐获得重视的今天，大多数人都明白，一个人不能长期处在焦虑状态中，否则身体是会垮掉的。个人焦虑如此，集体焦虑也是如此。集体焦虑必须找个出口宣泄掉，否则团体会崩溃。但是出口在哪里呢？如果没有，那只好做一个。怎么做？

看穿黑幕

遇到这类焦虑症的患者，精神科医师最常讲的一句话就是："去做运动！"说实在的，在神经生理学上，如何靠"运动"减低"焦虑"，还有待研究。但依照经验法则来看，确实可以在运动中通过发泄、分散注意等途径，来减轻一个人的焦虑。

透视：原来你是焦虑人群中的牺牲者

现在你可以回想，当时到底发生了什么？

“就是那件小得不能再小的事吗？而且受害者还是我自己。当时我没跟对方计较，更没有深究这件事。”你可能会很纳闷地说，“可是，那么一件小事怎么会演变成后面的一连串剧烈冲突呢？”

这样的质疑很合理。从客观上讲，那是一件小之又小的事，你是受害者，你也原谅了对方，再怎么说对方也没理由把事情闹大，拿你“开刀”。可糟糕的是，每一个人都活在主观的世界里。

针对这件“小事”，如果从主观上来看，你的“主观经验”是什么？而对方的“主观经验”又是什么？

对你来说，这只是一件小事，因为对方闯的那个小祸，对你而言无关痛痒，你很乐于原谅对方，当个“好人”。当然，如果对方让你损失惨重，那可就不是小事了，这也不在本书的讨论范围之内。

对方呢？那可就完全相反了！对方跟你一样想当“好人”，谁知道发生这么一件事，害得他在大庭广众下向你道歉，而能不能得到宽恕的机会，还得看你愿不愿意给！如果你不愿意，他就下不了台；如果你愿意，不就等于他帮你创造了一个让你得以表现得宽宏大量的机会吗？对他而言，受害者应该是他才对！他并不是故意的，只是无意间给你造成了困扰，然后他就变成了做错事的人。现在的状况等同于他以犯个小错的方式来成全你的“宽恕美德”，明知如此，但他没有别的选择，只能卑微地期待你原谅。你说对方够不够窝囊？

“黑羊效应”的成因就在于焦虑的大众都争着当“好人”。由于发生的事件很小，所以对“加害者”非但没有好处，反而有坏处；“被害者”没损失，反而占尽便宜。这会造成“加害者”心理不平衡，而后掉入一个心理陷阱，越是挣扎，陷得越深。开始只是一个人的心理越来越不平衡，而后他把别人拖下水，也让别人陷入相同的心理陷阱当中，别人为了自救，就会拉更多的人下水。引起一系列的连锁反应，让所有人都掉进相同的心理陷阱当中，爬不出来。而所谓的“黑羊”，就是这群心理陷阱中努力向上爬的人，是其他人共同加害的受害者。

这是一个非常有名的心理陷阱，在社会心理学上已经被深入地研究过，属于“认知行为失调理论”的范畴。在后面的章节，我会进行完整的解释。

我们先从对方的心理进行分析。理性上，他了解这是件小事；情绪上，他却感到很不舒服。那么，他该怎么办？他的心智功能必须解释："为何此等小事却引发他严重的不快——而且他还是做错事的人？"他到底会怎么做？

不妨举个实例，让你从他的角度，亲自体会一下，你就会明白了。

假设"事件"是这样的：他走过你的桌前，不小心把你的水杯打翻了。你看了一下，还好，杯子里没多少水，杯盖掉到了地上，地上铺有蓝色的地毯，杯子也没破，你正在看的工作文件也没打湿。所以你很快就原谅了他。

可是，他就没那么幸运了，毕竟闯祸的是他。他忙着道歉，四周的人都转头过来看发生了什么事，让他尴尬极了，但是他不能立刻走，因为他得弯下腰替你捡起掉在地上的杯子，还要移开桌上的东西，检查有没有弄湿，然后掏出纸巾，擦干桌上的水。他还得看着你，感谢你的原谅。最后，在别人的注视中，他失落地走回自己的座位。

当天晚上，他跟你一样，开始思索今天发生了哪些事。当他想到你这件事的时候，开始觉得自己很窝囊，很不甘心，认为自己才是真正的受害者。这时，如果坐在他旁边的同事打电话来关心他，你猜他会怎么回答?

第一种回答是:“我的动作太粗鲁了，走路时，都没有留意周遭，我是个笨手笨脚、反应迟钝的大笨蛋。这完全是我的错。”

第二种回答是:“拜托！那个家伙的水杯放得太靠桌边了，本来就很容易掉下去，这怎么能怪我?”

你认为他会采用哪种回答方式?当然是第二种——因为“把错误归到你身上”，让你不再是纯粹的苦主，你也有过失，这会让他舒服一点。如果他的同事安慰说:“不要生气了啦，以前我的座位在拐角处，人来人往，每天桌上的东西掉满地，都是很寻常的事。”他可能就会因此联想到:“对！那家伙的座位好像也是在拐角处，也是人来人往，他也不应该把水杯放得那么靠近桌边。”

这下他的心情就更好了。因为做错事的人更应该是你，而不是他了。他会开始从记忆中、交谈中、经验中去收集资料。即便信息不足，凑合着用也没关系；即便与事实相反，想个办法合理化就行。总之，只要他能证明“是你不对”，他的内心就能平衡了。

可是，等到第二天大家都到了教室或办公室，他发现他的想象跟现实有些吻合，却也有些落差。例如，你的位置根本就不是在拐角处，也不是人来人往的必经之地。如此一来，他就要用更多“证据”来证明这一切不是他胡思乱想，而是你“真的有错”。

这时，他会变成所有对你的负面评价的“良好吸收体”，任何能证明“是你不对”的说法他都会深信不疑。比如，他以前很讨厌的一个“八卦女王”，如今知道此事，顺口说了句“对方八成把水杯放到了桌边，而且那个杯把正好冲着外边”。那位“八卦女王”当时根本不在场，只是随口一说。在以前，他可能会嗤之以鼻，但此时，他很快就相信了。因为他极需证明他的推论是正确的。他想了这么多跟你有关的事，所以遇见你的时候，就会变得很尴尬，不知道该怎么面对你才好。

如果你乖乖遵守着长辈与亲朋好友的劝告——要怎么收获，就要怎么播种；别人对我们不好没关系，我们还是要对别人好，有一天，他们自然会感受到我们的真诚。那问题就会更大了。因为你将会继续伸出友谊的手，装作若无其事地接纳他，而这只会让他觉得更丢脸。因为你这个“好人”越来越嚣张了，处处为他着想，不计前嫌地想跟他和好；相较之下，他为了让自己心情平和下来，却时时刻刻在收集你的坏事或坏话。所以，你的一分好，往往就会让他更觉得自己多一分罪恶感。

唯一能让他平复一点的，就是找到你的污点。他得花更多力气去批评你，并说服自己：你的举动全都是假的，都是另有企图的，你才不是表面上的那个好人。但是，如果只有他一个人这么想，他还是逃不过良心的谴责，他必须说服其他人也相信他的说法才行。因此，他会在不知不觉中，开始影响与他亲近的新朋友。新朋友对你很陌生，当然是半信半疑，但在他的引导下，慢慢地也会开始对你产生成见。

等到新朋友们也开始否定你时，他们一样会各自面对来自良心的谴责，晚上安静的时候，理智还是会冒出来对他们说："那个人到底做了什么十恶不赦的坏事，需要你用这种恶劣的态度去对待他？你真的认识他吗？"

然而，如果有人诚实地去面对自己，把自己内心的良知唤醒，大声地告诉自己："我真的对那位朋友了解很少，在了解这么少的状况下，我实在不应该传递任何与他有关的传言，也不应该对他有所评价。"这样一来，问题就会得到解决。

但上述行为，是不可能发生的。

这个小团体会继续重复着我先前所说过的心理陷阱，同时为了分散良心的谴责，会继续向外寻找"新朋友"，这时团体本身就变得越来越大，而且扩张得也会越来越快。但很特别的是，这个团体通常会在攻击你与嘲讽你的过程中产生共识，原本彼此陌生的情况消失了，大家都有了共同的话题。

这群新聚集的人彼此不再陌生，开始有了良性交流，他们开始发展各自的友谊，也不再害怕自己会不会得罪别人。

看穿黑幕

人类在团体当中，良心的谴责会被分散，这又牵涉到一个重大的心理学效应——“责任分担理论”。因此，越巨大的团体就越会冷酷无情。如果你是受害者，到了这个时候才发现真相，一切就已经太迟了。因为，此时这个巨型团体已经没有良心可言了。

CHAPTER 02

正视你的心灵暗影，才有机会打破人生困局

我们是否活得太过小心翼翼了

生活中，针对黑羊效应有很多说法。

平常人认为，黑羊效应把人性描述得太黑暗了。人其实没那么复杂，你怎么待人，别人就会怎么待你，道理就是这么简单，根本没有什么黑羊效应，所以不必把事情想得那么复杂。

学者认为，黑羊效应本身就是一种病态的观点，用病态的观点分析人类行为，得到的结果当然也都是病态的。

心理学家认为，这个世界虽然不美好，但用什么方式看待它，却是你的选择。有没有黑羊效应并不重要，重要的是，你选择如何面对它。你的选择决定了你的命运，决定了你的未来，当你决定让自己变得更美好时，全世界都会为你而改变。如果你选择用负面的观点来看待自己与世界，那就不要期待会有一个美好的未来。

对于以上种种说法，我必须承认每种说法都很有道理，都能让人感到心情愉快，且对人生充满希望。然而，奇怪的是，一个人在走向快乐或悲伤的过程中是否能躲过黑羊效应的袭击，关键不在于你如何面对光明面，而在于你怎么去面对黑暗面。

当人在心情好的时候，满脑子都会偏向乐观思考。就算未经治疗的重度忧郁症患者，偶尔间也会觉得春风和煦，吹散了那乌云笼罩的心情。只可惜，那段美好转瞬即逝，郁闷的乌云很快又会围拢过来，遮蔽住那一碧如洗的晴空。如果你只愿意听那些励志故事与振奋人心的消息，来鼓励自己突破困境，那就意味着你只想经营自己的光明面，却从不思考乌云蔽日后，自己要怎么在“阴天”里活下去?

同样的，黑羊效应就好像一场荒谬至极的战争片，在这场战争中没有赢家，只有输家；它赤裸裸地把最丑陋的人性给暴露出来，时时刻刻在世界上的每个角落上演。你可以厌恶它，不理会它，憎恶它，拒绝看见它。但是，它一定会在你的生命中出现，只是形态、表现与角色不同罢了。你可能会成为那只无助的“黑羊”；也可能会成为另外一个故事中，面目狰狞的“屠夫”；你更有可能扮演冷酷的“旁观者”——自己却浑然不知。

人生就像股票市场，有涨势喜人的阶段，也有跌势不止的时候。每个股市老手都会告诉你：“面对多头，没什么好提的；重要的是：当空头来临时，你要怎么应对？”是呀，面对空头，你可以选择远离股市。糟糕的是，你却不能选择从人生退场，你只能继续玩下去，直到自己生命的终结。在此之前，你时而扮演受害者，时而加害别人而不自知。

生活中，歌颂人生光明面的励志故事已经太多了，再看也是那样；学会如何接纳那个不受欢迎的人生黑暗面才是你一生当中，所能做出来的最大、最积极、最波澜壮阔的大无畏行动。

看穿黑幕

面对问题时，你可以积极地去解决，让自己变得更好，也可以消极地逃避，怨天尤人。与其战战兢兢地预防跌倒，不如当个不怕跌倒，且知道如何爬起来的人。

暗影之下，逃避无法解决问题

以一位脸面伤残的年轻女孩为例。一场意外中，她被烈火焚身，不得不在人生最灿烂、最短暂的似水年华中戴上面具。她难以接受镜中那变形结痂的脸，只愿意看着镜中戴着面具的自己。她不能面对这个世界，也不能面对自己，她自欺欺人的想象那场灾难从未曾发生，自己的容颜依然美好如初。如果你就是她身旁的亲友，你要如何正向思考？

你可能会这样做。

称赞她戴着面具很漂亮，叫她永远不要拿下来，就当那场火灾根本就没有发生过。最后真诚地对她说："忘掉过去，一切向前看！"

你也可能会这样做。

不管她是否戴着面具，都一样爱她，接纳她，疼惜她。告诉她周围的小孩子们她并不可怕，她只不过是遇到了一件可怕的事情，脸上才会有那几道伤疤。刚开始，小孩子们还会怕她，慢慢熟了，也就玩开了，而她的面具只在外出时才需要戴上。不过，那将会是一段艰辛的过程，人们必须耐心地陪伴她，支持她，直到有一天，她能够拿下面具，能够正视自己脸上的伤疤。她的心必须历经伤痛、沮丧、忧郁，而后愈合，能够重新面对自己，正视自己，并开心地对自己说："是的，我的脸上有着灼伤的伤疤，但那就是我。"这样，她就可以踏实而真诚地生活了。

前者比较正向，还是后者呢？我想，应该是后者吧！因为她再也不必躲躲藏藏地过着每一天，生怕被人看见自己真实的那一面。她依然有那一张面具，在外出时，她可能还是会戴上，然而，她不再是面具的奴隶了。恰恰相反，她可以自行决定何时她该戴上面具，何时该摘下面具，更重要的是她不再讨厌真实的自己。

人生在世，免不了被各种生理条件限制，被各种心理效应伤害，长大之后，这些都将成为你的心灵暗影。人们都说，快乐就好，那万一就是快乐不起来怎么办？大家都知道，放下是解决一切的开始，如果就是放不下怎么办？人人都会说，你身在福中不知福。可是你就是活得很痛苦，那又该怎么办？

人们遇到自己得不到的东西时，往往先是批评，接着就是开骂。所以，如果你的成长环境比较优越，似乎你就不能有心事，甚至连沮丧的权利也没有，否则你就会被别人说成是“身在福中不知福”。你的父母每天吵架，让你从小就缺乏安全感，直到今天，依旧缺乏自信；如果你获得的比别人多，似乎你就应该多承担一点责任，“被牺牲”是你的义务，如果你不牺牲，别人就会说你“没天良，为富不仁”。但是，你所拥有的是花了多少代价才换来的，没人会理会这些。

事实上，上帝是公平的，至少在“不快乐”这件事上我认为是这样。在我多年的执业过程中，看遍了人性的阴暗面，表面上再无忧无虑的人也会有心灵暗影，隐隐然与当下的情境相结合，变成一个个具体的生命困局。

理论上，面对生命困局时，就是去探索心灵暗影的最好时机，只有让阳光照亮黑暗，才能让自己有一颗澄净的心灵。偏偏人类有种特性，就是遇到生命困局时，反而更不愿意去面对自己的心灵暗影，总希望能有颗药丸，吃下去就能把过去的伤痛通通忘记；或者通过一些方式，诸如：被夸大的催眠、吸引力法则、神经程序语言、家族排列、灵性治疗、人际关系训练或是任何技术，把自己不堪的往事给彻底删除，从今以后过一种“正确的生活”，让一切重新开始。乍看之下，这是多么的“正向”，多么的积极，多么的乐观进取。对于未来的种种，一切都是那么美好。

但我要强调的并非疗效，而是人们面对问题的“心态”——

人们总是太着急，凡事都求速成，遇到问题时，就急急忙忙地寻求外界的帮助，而对于最根本的问题——自己，却不感兴趣，甚至还会惧怕。

看穿黑幕

上面提到的让心态积极的各种方法，催眠、吸引力法则、神经程序语言、家族排列、灵性治疗、人际关系训练等，每种都是一门大学问，否则就不会引起这么多人的注意与投入。同样的道理也适用于药物治疗、电气痉挛疗法，甚至是神经外科手术，或是任何其他技术。

不快乐也是种权利，谁也不能轻易夺走

许多商业性质的人际关系训练课程都喜欢通过喊口号与仪式活动的自我催眠，外加团体动力的集体催眠来强化参加者的信心，效果就类似于演讲能够有效振奋人心一样。

我曾问过一位课程设计者："你是用团体动力来增强学员信心的吗？但是你并没有设计让他们觉察自己内心问题的课程——这等于在沙滩上建碉堡啊！下一波大浪一来，再宏伟的碉堡也会垮掉啊！"

"这点我当然知道。"

"那你为何这么设计？认识别人，认识关系与互动，却不认识自己？"

"没办法，这些商界精英穿着盔甲，戴着面罩太久了，你要他们把这些自我防卫的装置拿下来，那他们下个礼拜就不会再来上我的课了。不瞒你说，自我探索的课程是'票房毒药'。他们期待通过课程让自己更有力量，但是自我探索只会让他们看见盔

甲里面的自己原本有多弱小。在课程教授过程中，我们也会有自我探索的内容，但是探索的对象通常是光明面的自己，这能让他们意识到自己原来这么强大，能做的事情这么多，这样他们才会继续来上我的课。”

“一个没有将阴暗面的自己也结合起来的课程，就你的经验，效果能维持多久？”

“天晓得？反正课程结束后，他们每个人都会信心满满，意志坚定，他们认为自己所花费的培训费是值得的。至于保质期——太长的话，似乎也不是一件好事，不是吗？”对方意有所指地回答，“我们也有开很多‘回头充电’用的课程啊！”

上面我与朋友所谈论到的“课程”，就是标准的“二分法”产物——先把人类行为区分为“正向的”和“负向的”两种，然后用各种办法激励学员正向的那一部分。

无可否认，这种经验是迷人的，学员很快就能陶醉在正向的自己那部分。问题是负向的自己那部分呢？修正它？改进它？攻击它？否定它？拒绝它？人们对于“负向的自己”所能联想到的一些应对措施，本身往往也是负向的，诸如：否定、拒绝、改进、攻击等，结果不是负负得正，而是负上加负，越来越糟糕。

绝对不要“责怪”自己无法乐观思考，无法不去想太多，无法知福惜福，无法了解比上不足比下有余的道理，无法表现得坚强一点，无法更有意志力一点，无法持之以恒些，无法保持心情愉快，无法彻底把事情放下，无法从某个困境中看开，无法不去在意别人的眼光，无法放轻松，无法自信一点，无法避免胡思乱想，无法面对别人时据理力争，无法更加有纪律地生活，无法不那么懦弱，无法乐在社交活动中，总是不敢表达自己的意见，永远只是三分钟热度。

你会有这些困境，根本不是你愿意的。然而，人们总是夸大意志力的作用，仿佛只要有意志力，什么都办得到；反之，如果你办不到一些事情，例如，不要再那么懦弱，把事情放下，保持心情愉快等，就变成是你的错，因为你没有意志力去完成这些任务，而你本应责无旁贷。

这种说法，虽然非常常见，却是一种极度不负责任的安慰。因为这种安慰根本不是安慰，而是指责，指责一切都是你的错，丝毫没考虑到你困在"外在环境"与"内心伤痕"造成的心理陷阱中动弹不得。如果可能，你何尝不愿意走出来？如果只靠你自己的意志力就能解决问题，那何必把自己最难堪的一面露出来给对方看？

事实上，人类意志力的高度受到人格特质、内在需求与情绪的影响。一个安全感足够的人，根本不需意志力就能够在面对别人时据理力争，也能拥有相当高的自信去执行自己的规划；而一个在社会中与人群互动良好的人，一样不需要意志力，就能够快乐地融入社交活动，也比较能放松自己；一个情绪稳定的人，更不需要靠意志力，也就不会出现所谓“三分钟热度”等问题。

看穿黑幕

负向的自己，如同一种受伤害的烙印，它记录了你不愿回想的痛苦往事。然而，人生在世谁没受过伤？谁的心中没有阴影？痛苦的事件在遥远的过去哀号着，只要一天没得到疗愈，你心中的阴影就不会消散，你的痛苦就无法消失。

做好准备，正向迎击黑羊效应

你的人生，从基因、成长背景、受的教育，到你的聪明才智、家庭资源等，没有一样是你能决定的。然而，上述的每一项，都会深深地影响你的人格特质、内在需求与情绪特质的构成。如果你在生命历程中遭受的创伤很多，就没办法拥有足够的自我强度与人格特质，更没办法贯彻自己的意志。同时，在社会生活中，也会遭遇到更多与更严重的适应障碍问题。当你能够想到这些问题时，一切都已经被决定。更糟糕的是，你不得不去承受，因为那就是你自己。

我最常说的一个比喻，就是用冷血杀手与总统进行对比。一个冷血杀手，不值得同情——问题是，如果换作是总统，出生在一个没有爱、没有温暖的家庭，面对残酷的生存竞争，为了活下去，只能靠本性中的邪恶去抢夺，就像一只野兽。那么，总统的表现会比较好吗？如果以自我感觉良好，听不进别人的规劝，永远以自我为中心来思考，不在乎别人的痛苦等特质来说，我想，恐怕总统未必会表现得比冷血杀手要好。所以，无论好坏，都不要把一切表现都归因到自己身上，成就未必是自己努力的结果；相同的，缺点与失败一样不能全部怪到你身上。

这就是我们即将开始探讨的话题，你千万不要用“二分法”来断言黑羊效应当中的任何人。在黑羊效应中不管哪一个角色，都有他们的苦衷、无奈、痛苦与不为人知的一面。你没有义务为谁打抱不平，也没有权利去厌恶任何人。

在即将展开话题的此刻，我希望读者把自己的价值观通通暂时搁下，无好、无坏、无善、无恶、无优、无劣、无爱，也无恨——每个人都只是浑浑噩噩地在这个社会中成长，被各种心理效应摆布，就像吃了迷幻药一样，在不清醒当中做出连自己也不明白的事。

千万不要把黑羊效应理解成坏人欺负好人的现象——恰恰相反，黑羊效应是一群好人欺负一个好人，其他好人在旁边，却视而不见、坐视不管的诡谲现象。

下面让我通过一个例子来说明这个道理。如果状况是发生在办公室里，一群人为了抢夺少数升迁的机会，因而组成派系，恶意攻击特定对象，那么，这就不是黑羊效应，因为那种攻击行为明显是恶意的，不管是在事前、事中或事后，人们表现出来的思想与行为都不会遵守黑羊效应。然而，实际上到底是恶意斗争还是黑羊效应，从表面上看都是一样的。而在一个团体里面，这两种状况都可能发生。

本章的目的，从拿下伪善的面具，面对真实的内心到悲悯每个丑陋的心灵阴影与停止随意作出善恶的判断，都在为理性地了解黑羊效应与疗愈在回忆中继续淌血的伤痕而做准备。

此刻，就是这场旅程的起点，准备好了吗？

如果答案是肯定的，那么，还记得先前对于黑羊效应的形容吗？那是一个最普遍，最激烈，伤害程度最深，受害者最难以忘却，而参与共谋的人数最多的破坏性心理效应之一，在各种造成人类痛苦的事件中，到处都可以见到它的影子。直到今天，它依旧天天在各处上演，以惊人的力量在无数的人身上留下一道又一道伤痕。

受害者可能在多年以后，依然无法抹去痛苦，只好通过工作让自己忙一点，让自己不要胡思乱想。然而，只要一停下来，过往的画面就会冒出来，那永不止息的心绪再度逼问起自己："我到底做错了什么？为什么要这样对待我？就算你们要惩罚我，至少给我一个理由吧？"

从这里开始，接下来几章，我们将要把整个黑羊效应中的参与者，做一个完整的分析，你可能会发现：原来自己曾经也是黑羊效应中的受害者——

黑羊

黑羊效应中最大的受害者，常常什么也没做就无辜地遭受周围人群的攻击，以至于自己的内心备受煎熬。只有当你处在“黑羊”的角色中时，才能够真正体会到那种内心的痛苦。

屠夫团体

一群通常不清楚发生了什么事的人，只觉得跟着大家一起对某个人做某些事很有趣，但是到底是什么事，他们却不知道。有些时候，他们想起来，似乎觉得很不应该，但因为大家都这样做，所以“应该”不会是错的。但无论如何，跟着别人一起做那些事，可以让自己有种归属感与被接纳感。

旁观者

泛指所有不是“黑羊”，但也没加入“屠夫团体”的人。是可能目睹部分或全部过程，却没采取任何行动的人。这群人尽可能不参与这个团体的任何行动，避免自己遭到波及，也避免自己的情绪受到影响。这群人可能会密切注视着整个局势的发展，但也可能完全不想理会。

在随后的章节，我们将从以上三个角度来详述这三类人的心理状态与具体行为。

看穿黑幕

理解黑羊效应的好处之一，在于发生集体冲突的时候，你能快速弄清楚局势是恶意斗争还是黑羊效应，也就能作出正确的判断，掌握局势的发展，从预测每一个人的行为，到思考出应对方法，甚至是破解之道。

CHAPTER 03

一群好人为什么会无端欺负一个好人

为什么你怎么做都是错，你到底错在了哪儿

如果，你曾是黑羊效应的受害者，对于下列指控，你一定不陌生。

“你太自私了！根本不在乎别人的感受！”

“你知不知道，你这么做会伤害到多少人？”

“不清楚？你连自己做了什么也不清楚？”

“你还要不要脸？这样的事，你也做得出来！”

“大家都忍耐你很久了，今天只是把心里的话讲出来而已。”

“就事论事，你做得实在太过分了！”

“没见过这么自我感觉良好的人！看了就想吐！”

“不要再装了，做了什么，你自己心里最明白。”

充满情绪的批评排山倒海般向你涌来。然而，你不明白，自己到底做了什么，为什么会有那么多人对你发出那么愤慨的指控？你只知道，如果为自己辩驳，别人会更加生气，认为你在狡辩，死不认错；如果继续追问，自己到底犯了什么错，你只会见

到有人为了你的“冥顽不灵”而叹息，有人为了你的“自我感觉良好”而感到惊讶和遗憾，当然，大多数人会直接以更尖锐的攻击来回报你；但是，绝对不会有人回答你，你究竟是犯了什么错才会造成这样的后果。此刻，只会有少数原本跟你交好的人，私底下向你提出善意的忠告——

“也许他们这么说，是太直接了点，但他们的本意，还是为你好啊！”

“空穴不来风，无风不起浪。你一定做错了些什么。不然大家不会都这么说。”

“好好想想，如果你没做错，那大家为什么要这样对你？”

你会好好想一想，是的，如果你没做错，那大家为什么要这样对你？问题是，你就是不知道问题在哪里，而且，也没有人会告诉你问题在哪里。你只知道，没有人会为你说话，没有人会挺身而出维护正义，绝大多数人不是谩骂，就是要你反省，但是不管前者还是后者，都说不出你错在哪里。如果你够敏感、够细心的话，你将会发现“向别人询问自己犯了什么罪”本身也变成了一种罪孽——因为他们答不出来。不明白自己犯了什么错，才会招致如此严重的群起围攻——这就是身为“黑羊”最痛苦的地方。

所有的黑羊效应中，没有一只“黑羊”搞得懂自己究竟犯了什么错。事实上，黑羊效应中的“黑羊”都不知道自己到底遇到了什么事，一点头绪也没有。但是在庞大的舆论压力下，你还是会努力地反省自己——偏偏你越努力，越是找不到问题所在，就算你能找到一些蛛丝马迹，但也难以解释大家为什么会这么生气。你会提出许许多多的假设，但你的直觉又会反驳你——那些事，真有那么严重吗？

于是，身为“黑羊”的你，还是得继续履行“黑羊”的“寻找自己为什么通体发黑”的义务——

“我太过自私了吗？可是，我并没有做得比别人更过分，为什么要针对我而众相批评呢？”

“我太锋芒毕露了吗？我承认以前可能有过，但是我改了，也提醒自己不要再重蹈覆辙，为什么相同的事会一再发生？”

“如果我真的得罪了谁，那么，他可以直接告诉我啊？没有必要在我面前一句话也不说，而是在我背后拼命地说我的不是。”

“我真的不知道啊！你们说我做得不对，那总该告诉我哪里不对吧，为什么要我自己去想呢？而且，我不管怎么猜，也没有人会告诉我对不对。”

最后，你将会发现，当你陷入沮丧当中，难以自拔的时候，人们的同情心仿佛一下子全消失了，对于你的反应，别人只会用更鄙夷的态度看你，甚至还会冷酷绝情地说：“别装了，再装就不像了——喂，你实在太会演戏啦！干坏事的时候，怎么没看到你多为别人想一想。现在大家都生气了，你才来装可怜。想博得别人的同情，太迟了！”

等到你终于忍不住发火了，别人就会露出戏谑的表情，用嘲讽的语调说：“终于忍不住露出真面目了吧？你好凶，我好怕，好害怕！”你会越来越不知道该怎么办，日子也过得越来越沉重，故事的结局逐渐接近——如果不是你崩溃，放弃争辩而离去，就是冲突如雪球般，越滚越大，直到权威者（可能是老师、主管或是你所置身之处的任何权威者）注意到此事。

看穿黑幕

受害者越是采取诚实以对、谦逊开放的态度，无奈感、无助感，不知所措与满腹委屈的感觉就越会深深地盘踞在他的内心，不用太久，继之而起的，就会是极度的沮丧与愤怒。

当权威者参与介入后，能否就此改变一切

有的管理者会尝试用轻松的方式打圆场，但是他们很快就会发现，事情并非自己想象的那般简单，冲突与对立，早就已经严重到不是三言两语或一场笑声就可以解决的了。他们必须重视这件事，否则，学生或下属等被管理者们将会无心于课业或工作，管理者将面临失职的指控。

有些生性谨慎或历练较深的管理者，在早期就能看穿外观上的平和假象，觉察到台面下的不寻常气氛——其中，很有意思的是，因为一部分管理者自己就当过“黑羊”，即便至今仍然不明白当年发生了什么事，但对于类似的情境，敏感度还是较高的。此时，管理者会组织一个开诚布公，让大家有机会表达内心想法、真诚沟通的聚会，从而化解“大家的误会”。通常，这样的聚会只有两种情况：极度沉默与炮声隆隆。

当主管权力越大，越情绪化，团体成员彼此越不熟悉与不信任，越多人有受伤经验或生性谨慎，内部竞争性越强，团体利益

高度重叠时，聚会就容易趋向前者；反之，则是后者。

如果是前者时，聚会过程大概就是一路冷场到底，只有管理者出面宣示了一些例行事务，以及老套的讲话，例如：

“大家是一个集体，要明白互相帮助的道理。”

“天底下没有不能化解的误会，把话好好地说清楚，问题还是能解决的。”

“这个圈子很小，就算离开了，终究还是会有碰头的一天，不要把关系弄得这么僵。”

聚会结束后，除了管理者会有无力感之外，整个团体依然无动于衷，第二天还会继续上演黑羊效应。

当一切条件与前者相反时，例如主管权力有限而稳定，团体彼此熟悉、信任、低竞争性等……场面就会是炮声隆隆了，但理论上，这样的团体动力会与黑羊效应的发生条件严重抵触。简单来讲，如果团体中，人们可以勇敢地打开天窗说亮话，那也就不会产生一只什么都搞不清楚的“黑羊”了；早在“屠夫”团体形成以前，“黑羊”就会得到大量的“线报”，明白自己身处一个什么样的“险境”中。“黑羊”有充足的时间和充分的信息，在正确的时机向正确的人做出正确的响应。如此，“屠夫”团体根本就没办法出现。

当然，在现实生活里，还是会有所谓的勾心斗角、结党营私，而且发生几率可能更高。“黑羊”的努力不一定奏效，但那部分已经是“权力斗争”的范围，而不单纯只是黑羊效应而已，跟本书所要探讨的主题不相关。即便实际上权力斗争与黑羊效应混合出现时并不少见，但我们仍然要将前者的影响力给排除掉，仅针对后者来思考。

在实际的生活中也会出现类似的结果：会产生黑羊效应的群体，确实不会因为一场聚会就能打开天窗说亮话，但是，例外的也不在少数，甚至，那一场聚会就会演变成第一场“屠夫”攻击“黑羊”的“批斗会”。

对于“黑羊”而言，置身于这样的聚会当中，跟任何一场“批斗会”都一样。如果忍住了，放任“屠夫”任意攻击，剩下的人不但不会同情你，反而会因为担心下场跟你一样，而离你更远。如果忍不住，歇斯底里地做出一些平日你根本不敢想象的事，那你只会留下更多话柄，让别人任意引申为“你精神有问题”的诠释，对于你的“社会信用”会造成更大的伤害。

但是，不要忘了，这场聚会是由管理者组织的。管理者会采取什么样的解读？老实说，管理者的想法千变万化，什么都有，就如先前所述，有些人自己当年就曾经扮演过“黑羊”角色，此刻，他们若非极力支持你就是极力厌恶你，因为这是人类面对会勾起痛苦记忆的线索时最常见的两种潜意识反应。

对于没有类似经验的管理者，反应就更多了，通常，大多数管理者会遵循“好官我自为之”法则，早在做出任何进一步的动作之前，就认定你是一个麻烦制造者，因为你确实给他带来很多麻烦，而他不知道怎么处理，所以他希望你自己去收拾“你惹下的麻烦”。

但是不管怎样，到最后，管理者都会发现“自己的努力”是无效的。因为不管你怎么做，“屠夫”们永远不满意，他们看到你在场，就会一肚子火，各种难听的谣言会继续流传，排斥你的声浪还是一样大，甚至加剧。

在这种状况下，管理者可能采取“两边各打五十大板”的方式，结果会让你更委屈，“屠夫”们更生气。就算管理者只是想为你找个台阶下，甚至仅仅为你说一句好话，也会导致充满敌意的“屠夫”们更加仇视你。

此时，管理者再中立，再理性，再有修养，也会受到舆论的影响，开始把矛头指向你，毕竟，你人单势孤，与其让大多数人不满意，还不如放弃你。因为管理者肩负维系整个系统正常运作的职责，倘若有你，系统就会“瘫痪”的话，那么基于人性，也基于职责，管理者终究会舍弃你这个“问题人物”。而且，通常到了这个时刻，你的表现与出勤状态都不会太好，除非你能无视于批评，情绪完全不失控。此时，这件事，就会变成对你最不利的客观物证。当管理者和对方意见一致，人证物证俱全时，你这头“黑羊”的牺牲，也就不难想象了。

看穿黑幕

在黑羊效应中，不管是“黑羊”的角色还是“屠夫”的角色，他们都是好人，“屠夫”完全不是基于恶意才对“黑羊”行凶。因此，一旦“黑羊”在成形以前就充分掌握了“屠夫”的意图，跟“屠夫”有了良性的交流，那么整个黑羊效应就会从根本上瓦解掉。

如何确认黑羊效应正在逼近自己

在世界上，有太多事件会造成人类心灵的创伤，比如天灾、意外事故、非法行为或虽未违法却有悖伦常的举动（有技巧的抹黑，分化竞争对手，背叛，孤立，等等）。我们怎么知道：哪些是黑羊效应？哪些不是呢？答案很简单，本章一开始就提到了“没有一只‘黑羊’搞得懂自己究竟犯了什么错。”是的，从“黑羊”被攻击开始，一直到结束（“黑羊”离职、转学等），“黑羊”都会不断追问相同的三个问题——

“我到底做错了什么？”（对受害者自己）

“你们为什么这样对付我？”（对加害者）

“你们为什么要替他们缓颊，却反过来要求我？”（对旁观者）

与其他“心理效应”或“创伤事件”的受害者相比，黑羊效应的受害者——也就是“黑羊”本身，最大的特殊之处，就是“黑羊”极度渴望得到一个答案，一个能够让他将整件事情串在一起的答案。可偏偏没有人能给他一个答案。他只好不断回忆，到底发生了什么事情。

这种现象是黑羊效应所特有的，受害者不知道自己为什么会被无缘无故地攻击，可以说是非常匪夷所思的。但更夸张的是，连加害者也不知道自己为什么要发起攻击。最荒谬的是，旁观者竟然也不知道发生了什么事。整个黑羊效应中每个角色都会感到莫名其妙，而无辜的“黑羊”感受是最深刻的。

相较之下，其他事件的受害者，想法可能就完全不同。就以受到性侵害的女人的心路历程来讲——受害者通常非常不愿意再回想到过去，特别是遭到性侵的那一段过去。受害者一点也不想听，一点也不想说，一点也不想看。任何可以让她联想到过去的事物或言语，她都会竭尽所能地包裹起来，裹得紧紧的。

但奇怪的是，少数人则恰恰相反，这样的人会把整个伤害事件坦然公开，然后更加积极地投入到工作与社交里。在大多数人看来，这样的受害者很快就会从伤痛中走出来，一切都没事了。其实不然，这种现象在心理学上称为“反向作用”，这些受害者是为了对抗那起伤害事件而刻意让自己装作不在乎，仿佛这样就能战胜那起伤害事件。但如果小心观察，就会发现她们在独处的时候，会变得更焦躁、更愤怒、更难过，跟她们在社交场合中的样子恰好相反。简单讲，就是受害者不想被那起伤害事件击败，所以通过工作与社交来麻痹自己。这样的做法，反而会让自己受到更大的伤害，因为她们把悲伤往心里塞，却不愿意让亲朋好友施以援手。

当然，不管使用哪种方式，受害者很快都会发现，当她裹得越紧，埋得越深，那些记忆就会以更强烈的方式反弹开来；而引起的相关情绪，例如，不安全感，畏惧孤单与黑暗，无力与无助感等，也都会持续被挤压出来。但受害者一点都不想让那些记忆回到意识层面，而这种意图之强烈，甚至会让受害者放弃在现实生活中对加害人的司法追诉与民事求偿。因为那样的行为，将会带来一连串的自我坦露，例如，在警局进行笔录，在侦查科被询问，检察官提起公诉后，受害者到了法庭，还得接受法官的询问——这每一个过程，都会不断把受害者的受创经历给再一次揭开，让受害者一思及此，就会有种打退堂鼓的心理。受害者通常非常不愿意重复陈述相同的事情。

然而，黑羊效应中的受害者——“黑羊”，就不是那样了。在大多数的伤害事件当中，受害者还有加害者可以恨，“黑羊”却连“恨”谁都不知道，因为整件事就是莫名其妙的，好像旁人都发了神经似的，无缘无故就会指责“黑羊”。

这种缺乏“加害者”的受创经历，是更具备杀伤力的，因为根本没有一个重心，也找不到“凶手”，更不清楚“行凶动机”是什么？那一群人，好像就只是为了讨厌而讨厌，为了生气而生气——“黑羊”不管找任何一位“屠夫”来沟通，都会发现“屠夫”看到他，就像活见鬼一样，不是用鄙夷、冷漠来掩饰自己，就是连滚带爬地溜走。不过，不管是前者还是后者，在“屠夫”回到他的团体之后，你想找他沟通的事，就会被以最夸张、最扭曲的方式解读与渲染开来，到最后，又是一件可以引起一大群人为此对你愤慨、憎恶的“事件”。

“难道真的是我错了？”你会这么问，“但是，我又错在哪里？”

看穿黑幕

受害者的感觉，就好像“屠夫”在用“当义工的牺牲奉献情怀”来加害你，而这点，也是旁观者最喜欢劝你不要想太多的原因之一，因为“‘屠夫’们没任何理由要害你啊！”旁观者总是喜欢这么说。你也同意，但是“屠夫”确实伤害了你。

什么也没错，就是你犯的最大错误

这个答案也许会让你很困惑，但你不必感到意外。黑羊效应本来就不是一种理性的产物，只靠人类的理性，很难体会到黑羊效应中最深刻、最悲哀的一面。

“什么叫做好人（‘屠夫’）欺负好人（‘黑羊’）？就算‘屠夫’是好人，那他们凭什么聚集起来，仗着人多势众，欺负一个完全无辜的‘黑羊’？”

“‘屠夫‘团体已经无所不用其极，为什么这样还能称得上是好人？天理何在？”

“整个群体都像墙头草，风来全部一面倒。什么是友情？什么是师恩？什么是信任？什么还能保障你的安全？”

这些念头就是毁灭“黑羊”价值观，让“黑羊”始终走不出去的原因。我在这里，虚拟了一个故事，虽然材料都是真实的，但是，基于个案保密原则，我并不是改写故事，而是重新创作了一个故事。你只需用同理心去感觉就够了，你将会看见，那个

“要命的关键”到底在哪里，而你也很快就会深刻地体会到，所谓黑羊效应的核心精神。

假如，你是一位精神科医师，你在一家大型疗养院（以下称A院）担任主治医师，一天晚上，刚好你值班，突然，急诊的紧急联络网响了，某地区的公共卫生护士发出求援讯号，说有一名精神病患者在自己家里发作，这名病人一会儿宣称要烧房子，要把邪灵彻底烧干净，一会又拿着刀子说要见人杀人、见鬼杀鬼，无论家人怎么劝阻都没办法让他安定下来。

虽然这名病人曾经在某医院（以下称B院）精神科治疗过，之后长期在门诊追踪，定期拿药服用，但是在他的病又发作之后，家人才从他的抽屉里发现一大包药物，全是拆开的，药物都混在一起，不知道几天没吃了，正因如此，他才失去控制，搞得天翻地覆。目前警察已经前往病人家里进行处理。

你们的急诊室值机人员按照规定，赶紧将病房空床数量申报出去了。

又过了五分钟，当地某精神科专科医院（以下称C院）的精神科专用救护车也出动了，全速开往目的地驰援，车上有C院的随车精神科医师。然而，C院却也同时表示，该院的急性病房已经满床，如果该患者有住院的需求，C院将需要其他医院的协助，否则，就算C院的救护车顺利接走了病患，也无法安排后续的强制鉴定或强制住院程序。

过了15分钟，这次是救护车上传来的消息：现场的公卫护士通知B院的社工师，发现B院同样满床，无法加收病患，而她根据家属提供的患者先前就诊的资料分析，患者很有可能是急性躁郁症发作。

由于躁郁症发作时，病患会感觉到精力旺盛，不需要休息，根本不会累，不需要睡觉，自我感觉良好，而且话语明显增加，很难打断；思维分散，没有办法专注下来；行为脱序，严重失控；最糟糕的是，患者通常颇为满意这个样子的自己，根本就不配合治疗。

像这样多次复发的患者，很重要的一点，就是长期的药物控制，从而让躁症稳定下来，否则，等到躁郁症消退，患者变回一般人的思考逻辑时，该如何去面对“自己”先前干出来的“惊人之举”？只要患者发作一次，就可能造成糟糕的局面，比如亲戚朋友吓坏了，街坊邻居也怕死了，或者做出妨害公共安全的事。

接下来几十分钟，救护车顺利载走了患者，但护士也问遍了附近的医院，没有一家有空床的。就唯独你所在的医院有空床，而且急诊设施完善，所以——目前救护车正向你所在的医院开来，预计十分钟内到达。

不久，患者如期到达了，是一位年轻男性，三十岁，正是躁郁症发作的最高峰时期。患者虽然被五花大绑，但看起来很冷静，没有极力反抗的模样。因此，你决定让患者解除约束，并且在急诊室跟他进行了简单的谈话，由于患者显得昏昏欲睡（是随车医师给予的镇定针剂的影响），没办法谈，所以就直接办了住院。比较特别的是，随同的家属，只有患者的妹妹。办完住院程序以后，一切都回复原样。

第二天，病患的妹妹本来说好要拿健保卡来补单，却没出现。另外，有赖于现代的科技，患者以往的病历从先前数家就诊过的医院分别送过来了，确实是一个早期发病，而且多次复发，必须长期服药控制的患者。唯一值得记录的是，患者到病房以后，就显得很冷静，并没有出现他妹妹说的“要拿刀砍人，还要放火烧房子”般的躁乱情形。当然，患者虽然承认自己有躁郁症，但依旧表示他并没发病，而且门诊医师开的处方药物，他都在长期规律地服用着。

又过了几天，院方开始有点着急，因为患者的妹妹一直没拿健保卡来，而医院最怕遇到的就是这种“丢包”现象——把患者送到医院以后，然后就打死不理。

“你妹妹一个礼拜没来看你了，你会担心她从此不理你吗？”你问患者。

“她应该是住院了，没办法来。而且，这次她做得太过分了，我再也不想理她了。”患者忿忿地说。

你观察了一下，发现患者并没有情绪波动加大，于是又问：“你怎么知道她住院了？”

“她总是说她没病，药也不吃，还说是我害她的。”患者说，“要不是她说要放火烧房子，我也不会打电话报警。”

一个不祥的预感从你脑中飞过：“你的意思是，那天是你报警的吗？”

“是啊？不然呢？”

于是，你匆匆跑到急诊室，请求通报网人员联系当天负责此案的人员，同时请护士帮你去查询紧急联络网中，处理过的精神科病患名单。最后，传来的消息证实了你的担忧。

接电话的警察说，是一位先生打来，说她妹妹躁郁症发作，要放火烧房子！

而另一方面传来的消息，更让你吃惊，那位患者的妹妹在第二天也因为大闹超市而被另一家医院强制住院了。

“我跟我妹妹都有躁郁症。”患者说，“那天，我妹妹在家大闹，我吼着叫她闭嘴，她不听，拿东西丢我，我不敢回丢，我怕力气大，会伤到她，结果她就把自己反锁在房间里，跑到阳台上对外喊救命。我怕出人命，只好打电话报警。等了好久，警车才来，我下去迎接，结果我妹妹就跟在后面，她抢到前头，把我的躁郁症诊断书拿给警察看。我还来不及讲话，就被绑到救护车上了。”

“难道你没跟警察和消防队员说发作的人是你妹妹，而不是你吗？”

“有啊！怎么没有？我刚跑过去，他们立刻把我五花大绑，推上救护车。我讲了好多遍，但每次都被他们骂‘疯子都说自己没疯’。最后就是被打了两针，接下来的事我就记不太清楚了，等醒过来时，已经在病房里面了。”

“这几天，你怎么都没跟我讲？”

患者苦笑：“跟你讲，然后呢？你能怎么办？”

这位躁郁症患者按时服药，情绪控制得很好，面对妹妹站在阳台上大吼大叫，担心她有生命安全问题，所以报警。

但是，作为一名医师，你该怎么办呢？说出真相吗？一旦你说出真相，结果立刻会变成这样。

从送到医院开始，到这次住院期间，所有开过诊断书的医生，以及所有开过处方的医生，以及执行任务的护士与药师，不是没有医德，就是医疗疏失。

那群热心服务的警察、消防员、公卫护士、社工师等，也全部都是冤枉好人的笨蛋。

参与该事件的所有人，都可能吃上官司。

你的决定，将会影响很多人的身家安全。当你把真相告诉所有参与其中的人时，所有人的情绪会立刻失控，然后开始疯狂寻找这位患者入院时“应该有躁郁症”的证据，就算只有三分，也得讲成九分，就算凭空想象的，也得说得煞有其事，大家都会说“我记得……”“好像有印象”“那个我不确定，但这件事是有的”“我应该有听到”。

这位病患将会惊讶地发现：在自己吐露实情后，每个人看他的眼神都变了。病历上的护理记录，一下子冒出好多经典的躁郁症发作的形容词。而这位患者会变成全民公敌，他只要出了点小错误，例如，护士站在护理站前发药，他第一个去排队，但排了很久，其他人没办法全部到齐，他火大了，骂了几句“三字经”，他的行为立刻就会被记录为“情绪暴躁、有言语暴力情形，继续观察”。如果他发现护理人员竟然这样写他，大发雷霆，那更好——果然是躁郁症发作。

而你呢？你会怎么做？得知他并没有发病之后，立刻放他出院？当然不是！如果这么做，你岂不是留下一个“物证”？

万一上法庭，法官询问：“既然你认为他是躁郁症发作，为何常规治疗是三个礼拜，而你在一个礼拜就让患者出院？”那你岂不是自找麻烦？

如果你没发疯，如果你跟绝大多数人有着同样的思考方式，你就会选择在病历上书写，根据住院后患者表现，尤其是护理人员长时间的观察（症状越写越重），把患者的诊断从“疑似躁郁症发作”改成“确定躁郁症发作无误”。

而参与这件事的人都会有个共识：为了避免让事态扩大到不可收拾，牺牲这位患者几个礼拜的行动自由，也没关系。透过彼此的加油打气与共通的共犯情感，这群人很有可能会变成要好的朋友。

这位什么也没做，什么也没错的患者，就成了真正的“黑羊”，为了参与该事件的更多参与者的利益，这位患者必须被确诊为患有躁郁症。

当这头“黑羊”掌握了这个“要命的关键”时，他什么都可以说，就是不能问“我到底做错了什么”。他越问，所有人的脸就越是铁青。因为没人能回答出来，但大家都清楚自己在干什么，他问这类问题，等同于在加深每个人的良心谴责。

在这里，我们将归纳出“黑羊效应第一定律”——通过牺牲“黑羊”微小的利益，让“屠夫”团体得到不成比例的巨大利益。

在整个过程中，没有人是恶意的。回想先前例子中的那一位精神科医师——她为什么会为这位患者安排住院？因为所有的证据通通齐备啊！这头“黑羊”恰好有躁郁症，确实也多次发作，早年服药记录相当不好，也多次因为擅自停药而住院。最重要的是，当天送他来的人员，不只有警察和消防人员，随车的医护人员也都异口同声说他就是躁郁症发作的患者，还有他妹妹提供的诊断书为证。人证物证齐备，不收住院，难不成僵在门外。

能怪抵达现场的警察和消防人员吗？现场警察表示，大老远就听到他大声吼叫，要妹妹把门打开，还伴随着剧烈的捶门声，有谁会知道他担心妹妹会跳楼，或者不小心掉下去？等他转身向他们跑来时，大伙已经准备好要将他制服了，更何况他妹妹立刻跑出来，声称他躁郁症发作，手上还有诊断书为证。

能怪护士与紧接着抵达的救护车人员吗？当时，这只可怜的“黑羊”发现警察抓错人了，当然会全力挣脱，大声嘶吼，场面一片混乱，随车医师能不打镇定剂吗？

问题也许出在报案电话的值机人员身上，没有将发病者特征问清楚，但真相是什么已经不重要了。所有的伤害，都已经由“黑羊”代为承受了。

好好思考上述这个例子，它看似简单，但每个部分都是精心设计过的，也都是值得探讨的。如果你真正看懂了（而不只是用道德谴责或说声司空见惯），那么整个“黑羊”的困局就会完全明了。当然，“黑羊”不会明白，这种荒谬事怎么会发生？但这是后面的“屠夫”团体要探讨的问题了。

看穿黑幕

多数的加害者是不会意识到自己错误的，即便有少数人察觉到有所不妥，也会躲在集体共犯结构之内，选择充耳不闻。

在我们的生活中，黑羊效应无所不在

只要有团体，就会有黑羊效应。不管通过哪一种方式传递，也不管争执点在哪里，原本团体的问题在哪里，管理上有什么缺失，只要情势发展到团体多数的成员认为通过牺牲“黑羊”微小的利益就能使“屠夫”团体得到巨大利益，并将这样的想法付诸行动，那么“黑羊”就会出现了。

或许你会问：“上述的例子涉及太多利益，我懂，但在一个简单的教室或办公室里，围攻‘黑羊’的利益在哪里？”答案很简单，围攻“黑羊”可以创造大量的八卦，作为团体茶余饭后联系友谊的工具——让原本就黑的“黑羊”更黑，却让其他人得到“人和”，难道这样的利益不大吗？

毫无疑问，把责任推卸给另一位无辜的人，会让大多数人内心不安，饱受良心的谴责。因此，“屠夫”们会摆荡在“巨大利益”与“问心无愧”之间。当然，人性是软弱的，到最后“屠夫”们都会选择获取那“巨大利益”，但是，内心的良心谴责怎么办？“屠夫”们必须想办法，合理化自己的行为，绕开自己的良心，并说服自己“我这样做是对的”。这并不是一件简单的事情，所以在下一章里，我们将会看到，“屠夫”会用什么样的方式来规避良心。

对于“黑羊”而言，“屠夫”是怎么合理化自己的，已经不重要了，重要的是“黑羊”会想：“为什么会是我？为什么不是别人？难道善良的人好欺负吗？”

在这一点上，我们需要再次强调：“黑羊”跟“屠夫”，其实只是一种事物的两面——很多“黑羊”在人生的历程中，都有当过“屠夫”的经验。甚至，即便是你在这一次的“黑羊”事件中，扮演了一个无辜却代人受罪的角色。但是在真实生活中，并不意味你没做过什么错事。在反击中，你可能会采取主动的态度，用积极的行为来保护自己，诸如：见缝插针，尝试分化对方，使用谣言抹黑别人，暗中破坏对方的事物等。你也可能采取被动的态度，来表达自己的不满，例如，完全拒绝任何想居中协调的请求，不理会对方偶然出现的善意表现，以傲慢的姿态来掩饰与武装自己，或是故意做一些明知会引起别人不满的行为。

如果把时间逆推到刚开始的时候，说不定你自己就是黑羊效应的诱发者——你可能在原本就焦虑的团体里，故意做一些让旁人更加焦虑的行为，例如，故意向上司或老师挑衅，与其他团体刻意杠上，或说些相当偏激的话语。你的行为也可能让旁人感觉到不舒服，例如，显得过度自信与傲慢，在团体里搬弄是非，喜爱讲些别人的八卦，甚至恶意中伤别人等。

事实上，“黑羊”跟大家羡慕的风云人物之间，经常有着一定程度的相关性。不少人在成为“黑羊”以前，是众人眼中的天才，崇拜的对象。你的卓越、骄纵、轻挑或毒舌，件件都打在旁人身上，令人眼红，令人恼怒，令人不敢接近；而其他人只能默默躲在底下，当个不敢出声的小人物——直到有一天，你做得太过火，或是有人忍无可忍，“黑羊”事件终于爆发。顿时，你失去了所有光鲜亮丽的外衣，跌入众人交相指责的田地，最后才变成了一只黑羊。

一开始不断强调的“你什么错也没有”指的是“与你所作所为不成比例的集体谴责”或“根本不存在的无端指控”，但除此之外，你身为“黑羊”，并不意味着全面性的无辜——黑羊效应是由“黑羊”自己所挑起的情形也有很多。

应该特别注意的是，当群众将先前忍耐下来的怒火反击到你身上，群众因为某些已知的误会而对你发动攻击——这两种现象都可能伴随着黑羊效应出现，却都不属于黑羊效应的一部分，因为“已知原因的怒火”或“经过演绎而引发的误会”都是“冤有头、债有主”的情绪发泄或有方向的行动。

看穿黑幕

千万不要用“好与坏”的二分法来看待黑羊效应。在现实生活中，“黑羊”可以是温顺的、柔和的、友善的、没自信的、平庸的；但也可能是挑衅的、坚持的、难以讨好的、自信的、卓越的——其实，后者成为“黑羊”的几率恐怕还比较高。

直接突围，是破解黑羊效应的最佳方式

虽然在“争取权威者的认同”与“争取群众的认同”上，“黑羊”通通失败了。但更重要的是，你是否注意到黑羊效应是怎么把一个中立者转变为“屠夫群体”或“亲屠夫群体”的呢？例如，在大多数管理者与群体成员里，通常是偏袒“黑羊”的，但最后，他们却必须走向“屠夫团体”的那一端。

到底为什么？答案可能很残酷，因为“屠夫”们是一整个“群体”，而“黑羊”只是一个人。不管是“屠夫群体”或“旁观者”，通通都会支持“牺牲你一个人的小我，完成我们的大我”。

在某种层次上，黑羊效应就是某种斗争的文明版本，而“黑羊”，就是斗争失败的那方。当然，在大多数状况下，“黑羊”受的伤害是莫名其妙的，换句话说，“黑羊”根本没打算搞什么权力斗争，但“屠夫”们却硬是把它当成假想敌。但是，每一位可能成为“黑羊”或现在就已经是“黑羊”的人都必须得弄清楚，斗争不是你一个人的事，敌人不会因为你的沉默而消失。你可以

大叹倒霉，怨天尤人，但这完全无济于事。你可以自认做得对，君子坦荡荡，但是你需要明白现实生活不比电影，群众没有义务去认清楚谁是君子，谁是小人，除非你非常喜欢扮演全民公敌的角色，否则，你就必须起身应战。

需要注意的是，正面应战不代表恶言相向或负面攻击，正面应战只是代表你是很认真的。在社交上，你可能会发现，放得下身段，更加谦卑有礼，才有可能打得赢这场仗。关于这部分的内容，会在后面疗愈的阶段详细解析。

看穿黑幕

不要问为什么，也不要指望说服“屠夫团体”或其他人，对于一只“黑羊”而言，如何“经营”自己的“黑羊”角色——另辟战场，直接突围，这才是最重要的。

CHAPTER 04

为什么加害者意识不到自己做了坏事

加害者的心理状态与犯错动机

因为他很邪恶？因为他恶贯满盈？因为大家忍无可忍？仔细想一想，在你的记忆中，是否有过某些原因，让你按捺不住情绪，放下了原本的矜持，隐藏了内心的柔软，与大家站在一起，近乎狂暴地发动所有你能使用的武器，共同对一个人发出严厉的谴责？

是因为他不知悔改、一错再错吗？还是因为你已经好话说尽，对方却冥顽不灵？那他到底做错了什么？你还记得吗？应该非常沉重吧？否则，你的个性应该不是如此狠毒的——或许你会自认狠毒，但狠毒的人就不会自认狠毒，更不会自我剖析，当然更不会阅读这本书，也更看不到这段文字了。那么，那个“混蛋”到底犯下了什么滔天大罪，让你与大家这么痛恨他？这么重大的事件，你应该记得清清楚楚才对，那到底对方做了什么？能说得具体而详细一点吗？

如果，你记得一个事件是有关于某人成为群体公敌，大家曾为此聚在一起，思考着要如何整他。地点可能在学校或者职场中——事实上，到处都有可能。

你记忆深刻的是那个时候大伙儿都很生气，包括你在内，也对那个“恶霸”说了许多的狠话，甚至趁他不注意的时候，还故意破坏他的东西。但是那位“恶霸”到底做过什么伤天害理的大事呢？你却始终想不起来。整件事就是朦朦胧胧的，唯一能肯定的是大量的情绪彼此激荡，简直要炸开来了，但引发这些情绪的故事，以及后来的发展——你竟然忘掉了。

我必须很严肃地告诉你，如果上面所描述的情节你都经历过，或许你在过去也当过“屠夫”。我并不是说当过“屠夫”是一件很可耻的事情。因为在黑羊效应中“屠夫”不见得心狠手辣，甚至绝大多数的“屠夫”都是温驯而遵纪守法的，但是当他们聚在一起时，却真的会一起攻击一只无辜的“黑羊”。

如果“黑羊”是集所有无辜与伤害于一身的人，那么“屠夫”就是最矛盾、最激情，却也最搞不清楚自己在干什么的人了。时过境迁之后，“屠夫”对于当时自己的所作所为总会感到困惑——我在干什么啊？如果有人追问那段时间，“屠夫”为什么生气？又为什么发动攻击？“屠夫”在回忆中，会感到一种相当朦胧不清的主体意识，而前后的立场也会让他非常矛盾。

虽然“黑羊”跟“屠夫”一样，对于整个事件感到莫名其妙，但是“黑羊”是极力想弄清楚真相的那一个；而“屠夫”刚好相反，他是最不想知道真相的人。“黑羊”往往在经历过一次黑羊效应的攻击后，终生难忘，耿耿于怀，甚至在几十年之后，对于人性依然充满恐惧；但“屠夫”则恰好相反：即便多次在黑羊效应中参与了伤害“黑羊”的行为，但是对于自己做过的一切，却几乎没什么感觉，即便有人提起，“屠夫”也可能忘了大半。事实上，在黑羊效应过后，“屠夫”的记忆会流失得最快。

这会造成一个现象，曾经当过“黑羊”的人，在看完黑羊效应以后，立刻就知道自己有着同样的遭遇；但“屠夫”则会浑然不知，即便看了很多次，仍会困惑“这跟我有什么关系”，而不少同时扮演过“黑羊”与“屠夫”的人，则很快就辨认出来“原来如此！我当初就是那头‘黑羊’！”，但对于自己扮演“屠夫”的经历却全然不知，直到几个月后，才会慢慢想起来：“咦？该不会我也扮演过‘屠夫’吧？”当然，更多的状况是“‘屠夫’终其一生都不认为自己扮演过‘屠夫’”，或者认为那又怎样，很严重吗。

“屠夫历程”和“黑羊历程”是两个完全极端的经验。由于先前就不断强调“黑羊效应探讨的不是坏人如何使用邪恶手段来欺负好人，而是好人如何被引导到浑然不觉地欺负好人，却还以为自己是正义的一方”。因此，被扭曲的经验出现在“屠夫历程”，而非“黑羊历程”。

在第三章当中，我们讨论的重点在于“‘黑羊’面对无端指控时的心理创伤是如何形成的”；而本章我们将会真正讨论黑羊效应的核心——一个人究竟是受到什么力量的影响，才会浑然不觉地在欺负别人的状态下，继续欺负别人，而对方的哀号与求饶，只会激发他继续加害的动作，且不会因此收手。

毫无疑问地，正常的心理状态理当不会出现这种怪异的现象，所以在“屠夫历程”中，必然存在着一些“心理效应”在干扰“屠夫”，让“屠夫”完全听不到“黑羊”的哀号，也看不见自己在做些什么。这些“心理效应”主要可分成几点，且各自有已知的心理学理论与实验基础，我们分述如下：

1.我不轻易骂人，但我骂了他，所以他一定是混蛋——认知行为失调理论。

2.大家都这样做，所以我这样做一定没错——集体意识与从众行为。

3.利益共享——团体动力模式。

接下来，我会一个一个来解释上面提到的三个心理效应，但在开始之前，我想告诉你，上述每个理论都是一种心理陷阱，一旦陷入，任何人都可能在浑然不知的情况下让自己处在做坏事的状态下，虽然做了各种坏事，但这不代表这个人本身是邪恶的——请屏除道德的评价，这是非常重要的一件事。

看穿黑幕

在黑羊效应的历程当中，“屠夫”会感到强烈的迫切性（再不阻止他，那就完蛋了），最后手段性（不是我狠，是你逼我逼到别无选择才出手的），跟我有一样想法的人很多（那是公愤，所有人都是受害者，我跟他们站在一起）等心理感悟。最终，在集体意识压倒性地超过个体意识后便选择采取行动。

加害者的原罪之一：认知行为失调

在本节，我将主要为大家解释“认知行为失调理论”。正常状态下，人类的认知主导了行为的发生，例如，你今天认为这个花瓶好看（认知），你才会买这个花瓶（行为），不是吗？

人类的行为，通常是追随认知在走的。虽然说对于相同的事实，每个人的认知可能不一样，但是不管怎样，每个人都会基于自己的认知，做出相对应的行为。比如，你认为某家电子公司潜力无穷（认知），所以你大量买进它的股票（行为）。这也是很正常的认知引导行为。但是在一些特殊场合下，会发生反客为主的现象——在人脑还没做出“认知”的动作时，“行为”却先发生了，遇到这种情况你会怎么办呢？

当你去商场购物时，整个商场就等于是一个具有催眠与暗示的空间，在这种空间里你很容易不经思考就去买一件衣服，因为商场里整体营造出来的气氛是那么的美好，当你试穿之后，镜中的自己又是那么美，而一旁的服务员会围过来赞美你的身材很好，并对你说这件衣服多么适合你，所以你买了。

可是，等你回到家，灯光、装潢、布置，一切都不一样了。你再试穿一次，发现衣服不再像当时你在商场里看到的那么好看了。这时你该怎么办？“行为（购买衣服）”已经完成了，但此刻“认知（评价衣服）”却给了你一个反面的答案。此时，你只有两种选择：承认自己被那家服饰店的气氛骗了，买了一件你不满意的衣服，或者是改变自己的认知，全力为这件衣服找出各种优点，让自己舒服一点。

人们在绝大多数情形下都会选择后者，因为前者等于要你承认自己被骗、被耍了，这是很多人最难接受的一种感觉。这时，行为就会反过来引导认知，人们不再因为认知而行动。反过来，人们会因为行动，而改变自己的认知。

那么，“认知行为失调”的影响力到底有多大呢？老实说，远远超乎你的想象。

下面就让我们通过一个具体的实例来了解一下。

多年前，有所谓的刮刮乐彩券诈骗手法，故事很老套，总是某个苦主，在某个意外的时刻，捡到了一张印刷拙劣的彩票。

苦主一刮，哇，不得了，中了数百万，甚至上千万的大奖，好运竟然从天上掉下来，挡都挡不住，赶紧打电话去询问。

一问，对方满口恭喜，而且不需要苦主做什么，只要在家里等支票送来就好了。

苦主不是笨蛋，当然会想了再想，可是，他就是想不出来，自己在哪一点上可能被骗？充其量，不过就是拿不到支票而已吗？半信半疑中，苦主会慢慢开始相信“他‘发’了”。他开始幻想如何更好地使用这些尚未到手的钱，但是美梦都做完好几遍了，支票却始终没有收到。苦主忍不住，便打电话过去。

这次，服务小姐才会“突然想到”：“不可能啊！啊！你没入会对不对？依照规定，不是会员是不能参加这次抽奖的，但是如果你赶快去办入会登记，我们就装作没看到。”

苦主会反问：“这样真的可以吗？”

服务小姐又说：“喔，本来是不能这样的，但我们有错在先，让非会员参与抽奖。我们这次例外，让您入会，而且时效会推到您抽到大奖以前。”

苦主满意以后，服务小姐又会对他说：“好，那我把入会单传真给您，不过您得先缴入会费一千五百元。付款后，把单据回传即可。”

遇到这种情况，你缴不缴？不缴，认为那是骗局，那么你先前的发财梦就全没了，而且听你说过这件事的人也会说：“财迷心窍！我早就告诉过你了喔，你这个呆瓜，差点就被骗，还想跟我谈什么去欧洲旅游的事情。这下全没了，算是给你一个警告！”缴了，一千五百元，你会告诉自己，那有什么大不了，最多，就是赔掉这一千五百元。你会选择继续相信，缴了入会费一千五百元？还是选择自己遇到诈骗集团，然后被大家嘲笑？

绝大多数的人会选择前者，而且，很有意思的是学历越高的，越容易选择前者，因为他们不相信自己会被骗。

又过了一段时间之后，那张满载你期望的支票还是没出现。

你很想罢手，但是又咽不下这口气，于是你又打电话去询问，对方说："我帮你查查看。喔，您不能只缴入会费，还要缴今年年费三千元才行，否则，没缴年费的会员没有资格参加这次抽奖。"

一样的困局又来了。信？还是不信？不信的话，你就确定被骗一千五百元（而不只是差点被骗），梦想中的计划也就彻底破灭了，同时还会被大家嘲笑；信的话，你会说服你自己，反正已经付了一千五百元，再付三千元，就当拿去买彩券。有没有感觉我们的这种心理很奇怪？

当然，那张满载你人生希望与尊严的支票（此刻，你已经把自己的尊严赌进去了，而你认为你是不会被骗的那种聪明人），始终没出现。

你每次打电话过去，对方都会有各种新的理由、新的费用，都要等着你去缴。等你缴了好几十万以后，你就会发现，自己已经没有退路了——因为你在任何时刻承认自己被骗，就代表你所有汇过去的钱确实全部泡汤了，而且被朋友知道的话，那可是一件让你很羞耻的事！

就这样，大奖一直没到手，小钱却一直在付，到最后你被“榨得”干干净净。现实生活中，输上比原本奖金还多的人有很多。

笨吗？说来也不笨，很多苦主都有大学学位。贪吗？这个世界上，一点也不贪的人是没有的，但是再贪也不至于被骗上数千万吧？通过这个例子你可以知道“认知行为失调理论”让人类在扭曲自己的思考与判断力方面可以大到什么程度！

所以，很多销售业绩高手都很清楚这个技巧——你只要在当下让顾客刷卡买下去了，顾客带回家之后，就算有不满意之处，也会想尽办法来自我安慰。越是聪明的人，越是无法接受自己受骗的事实，所以，他就会搜索各种可能，来让自己相信这不是一场骗局。越是聪明的人说服自己的功力就越高，被骗的金额就越大；金额越大，就越无法接受这是一场骗局。

是不是感觉很奇妙？这就是认知行为失调理论。社会心理学家发现，我们只要有办法让别人吃了我们的亏，他就会努力来为我们讲话，不然，就证明他自己是个笨蛋或者无能的人。就像我们开车，被一辆车子无理地超车，我们一定会想，对方可能有急事，所以才开这么快，有了这个解释，我们不爽的心情才会得到缓解——好笑吧？被无理超车，还得为对方解释，否则我们就会觉得自己很没用，这算是什么啊？

回到主题。认知行为失调理论在黑羊效应中占了极为重要的地位。先不论原因是什么，只要有那么一次，你也加入到攻击“黑羊”的行列里，从此，你就会为自己攻击“黑羊”的行为辩护了，因为你已经做出“行动”。从此以后，你就要说服自己：“那只‘黑羊’真的是坏事干尽，如今引起公愤，就是自作自受！”

但事实上，黑羊效应中，“黑羊”的所作所为都是相当少的，因为“黑羊”完全搞不清楚状况，所以即便他想要反击或采取任何行动，也找不到方向，他的每个行为表现出来的都是恐惧。更何况在大多数时间里，“黑羊”只会采取忍耐的方式，同时，“旁观者”也会劝“黑羊”采取息事宁人的做法。所以，虽然“黑羊”内心很痛苦，但表现在外的行为却不多。

偏偏人们就是需要“黑羊”的反击来证明“黑羊”到底有多坏！“黑羊”越是温顺沉默，人们就越找不到理由可以指控“黑羊”。在迫不得已的状况下，人们甚至会捕风捉影、捏造事实、东拼西凑，才能编造出一件“黑羊”干过的坏事，让大家一起来名正言顺地攻击“黑羊”。

最荒谬的是，人们会将“黑羊”不配合被攻击的“过错”，怪罪到“黑羊”身上，所以当“黑羊”很胆怯，也很努力地试图想与“屠夫”们沟通时，即便“黑羊”只是想要就事论事，或询问自己到底错在哪里，也会让“屠夫”们的良心不安。为了对抗这种良心不安，“屠夫”们只好采取更激烈的手段来围攻“黑羊”。

这样的攻击行为越来越多，“屠夫”们就跟先前讲到的刮刮乐受骗者一样，开始想尽各种理由，说服自己——“黑羊”真的是“盘古开天地以来，心术最不正，满脑子坏主意，心狠手辣的一个人”。更可恶的是，“黑羊”还装出一副无辜的模样，又哭又闹仿佛要大家同情似的，恶心透顶！

当然，并非所有“屠夫”都那么痛恨“黑羊”。但是唯一能确定的是，当你骂得越大声，做出越多不利于“黑羊”的行为时，你的理性就越会“被迫相信”那只“黑羊”是“恶人”。

从先前刮刮乐彩券的故事，不难看出人类心灵在认知行为失调时，可以被扭曲到什么样子。不难想见，为了牺牲“黑羊”，“屠夫”的理性可以扭曲到多么夸张的地步。

看穿黑幕

认知行为失调理论指出了人们越陷越深的原因，很多人就是身陷其中，而痛苦不堪，死不认错。

加害者的原罪之二：集体意识与从众行为

集体意识与从众行为一直主导人类行为，影响力之深远，一样超乎你的想象。

一位在暴动事件后遭到拘役的裁缝师，在受访的时候说："那天傍晚，游行队伍经过我的店铺，很快参加游行的人变得越来越多，到最后，整条街道上都是来游行的人。我忽然想起来，我店门口的小广告牌还放在外面，忘了收回来。人这么多，我怕不翼而飞。"

"谁知道我刚走到门外，就被一群人夹在游行的队伍里，我根本回不到我的店铺。人群不断缓缓前进，我没办法，也只好跟着大家走。这个时候，大家唱起歌来，那旋律是我熟悉的，不知道怎么回事，我也跟着唱了起来。又过了不久，有人开始发白色的蜡烛，大家就找身旁已经点燃的蜡烛，分享火焰。我很难形容那是什么样的感觉，我的前面，我的后面，我的左边，我的右边，全部都是人，大家都唱着一样的歌谣，同样熟悉的旋律，回荡在空气当中。当我点起烛火，四面八方也都点亮了烛光，好壮观的一个画面。

“不晓得为什么，我竟然哭了。前后左右都可能伸来一只手，拍拍我的肩膀，比着某个手势，我发现自己也开始比出一样的手势；那种情景我真的不会形容——仿佛大家都是一体的，意志一致地向前行进，到处都是友善而坚定的笑容，我感觉到了一种力量，很强烈的力量——后来队伍停了，大家不再唱歌，开始喊起口号来。我跟别人要来一面旗子，上面写着某些字句，但是我没细看，我很激动地开始跟着大家一起挥舞，节奏越来越快，大家也越来越激动。很多人跟我一样，都哭了，泪流满面，大家挥舞手中的旗子，大声喊着口号，我也跟着做。

“但是后来，远方的人群开始骚动。不知道发生了什么事，我们开始紧张起来，彼此握住了对方，没有任何一只手是落单的。我们注意着周遭，决心保护自己。但后来左前方突然出现了警察的车辆，我们就散了，大家各自分散开来，开始往各个方向逃跑。”

这件事发生在某个国家的某次和平请愿游行中：该游行本来一直都是很有秩序的、平和的，但是到了目的地之后，不知怎么搞的，却演变成一场暴动，两旁商家的玻璃都被打碎，许多民众闯入店铺抢劫，把服饰、珠宝等值钱的东西一抢而空。警察也开始动手驱逐人群，并逮捕滋事者。其中，一名正在某精品店抢夺服饰的人，就是上述这位裁缝师。

这位裁缝师在当地是出了名的好人，不抽烟、不喝酒，没有特别嗜好，已婚，有两个小孩，家庭算是美满。他的朋友们都说，他生性保守，近乎怯懦，对于有犯法可能性的事情，从来碰都不敢碰。也因此，当他被逮捕时，朋友们都不敢相信。他们直言：“这怎么可能？那个真的是他吗？”

相似的故事在世界各地的游行抗议行动中都发生过，也有不少社会心理学家实地拜访过拘留中的主角，他们的反应跟那位裁缝的反应是高度雷同的，他们也难以相信，而且他们对自己会做出这种事也感到相当迷惘。

“我也不知道为什么？当时场面乱成一团，两边商店的门窗都被打烂了，一大堆人跑进去，见到东西就拿。当时有一种强烈的感觉，大家都这样做，我似乎也应该这样做。因此我也就跟着他们一起挨家挨户抢东西，后来，我被警察拦住，被送来这里了。”

这位主角对于自己为何会做出这种与个性大相径庭的行为，充满了困惑，几乎无法理解，当时的他为什么勇气大增，也真的这样干了——感觉上，好像当时的他，跟平时的自己，是两个不同的人似的。有意思的地方在于，按照他的为人处世态度，他是绝不可能犯下这种罪行的。那么，在混乱现场的他，为什么敢？而且还真的做了？

学术上有相当多的探讨。但是我们无需了解到那么复杂的地步。简单来说，就是他的个体意识在游行过程中，被集体意识给取代了。

所谓的“大家都这么做，所以我这么做准没错”，并不是一种意识层面的思考，而是他在游行过程中自我意识越来越薄弱。虽然在理性上，他连这场游行的诉求是什么也不知道，但通过歌声、口号，还有跟着大家一起挥舞手中的蜡烛，让他渐渐感觉到自己成为这个团体中的一分子，集体意识也在那个时候开始代替他的个体意识。在他的眼中，打破橱窗，冲入银行抢钱，早已不再是他平时所认知到的违法行为，因为“大家”都这么做，我是“大家”的一部分，我这样做，当然是没有问题的。

这是一种典型的“从众行为”与“恐惧感”混合在一起心理状态。“屠夫团体”在发展之初一般仅有几位成员，这种现象还不会很强烈，等到“屠夫团体”发展到相当规模，置身于其中的每个人会因为有共同的想法，共同的行为而紧紧地团结在一起，他们从这些共同的部分当中，让每一位“屠夫”靠着集体意识穿破个人原有的良心、性格等限制，而更加紧密地团结在一起。

看穿黑幕

在黑羊效应中，一旦激起了群众的共同反应，任何一位“屠夫”，也就不会被对方的痛苦反应所影响——别人都这么做，如果我不这么做，那我要如何让自己安心。说不定我也会成为“屠夫团体”所厌恶的对象，甚至变成第二只“黑羊”。

加害者的原罪之三：罪恶共享

如先前所述，当团体不安定的时候，就很容易出现黑羊效应。因为这个团体如果有共同的敌人，那么，团体内部的张力就会得到释放，人们就会把原有的情绪转而发泄在那个共同的敌人身上。此时，整个团体就会产生一种彼此的认同感，也可以称之为一种“共犯结构”。或者整合在一起，团体中所有的人都会连起手来欺负这个共同的敌人，整个团体就成为一个“共犯结构”，在攻击“黑羊”的过程当中，彼此就会产生认同感。因此，在“屠夫团体”之间经常会出现这样的对话——

“你看！那家伙把自己打扮成这样，他以为他是谁啊？”

“超恶心的，看到他那张脸，我就真的很想吐！”

“他真的很厚脸皮耶！大家都明白表示不欢迎他在这里了，他竟然还有脸来上班？”

“喂，告诉你们一个大发现。昨天我刚好要去隔壁拿资料，结果看见他在跟某某说话，还有说有笑的！他也不想想看，自己在办公室的人际关系搞成这样，怎么还有脸去找别人聊天？”

“我们一定要揭发他那伪善的模样。看到他昨天跟主管讲话的样子，实在够恶心的！”

“人长得丑也就算了，还打扮得跟鬼一样，莫非是要我们送他一面镜子，让他看看自己的样子有多难看？”

这样的团体动力——简单来讲就是认同感，是有高度凝聚力的，它不但提供了“屠夫”们茶余饭后的话题和主要八卦的来源，也消除了每个人之间的陌生感，从而建立起团体的友谊。另外，当个别“屠夫”想加入这个“屠夫团体”时，可以通过观察“黑羊”，来取得团体的赞赏。

看穿黑幕

“屠夫”们并不在乎上述话语是否会让“黑羊”听到，甚至还会主动让“黑羊”有机会听到。不要忘了，“屠夫”群体是通过伤害“黑羊”来取得友谊的，做出任何伤害“黑羊”的事，对于“屠夫团体”而言，都是一种值得称许的事情。

究竟是谁在助长加害者的恶行

事出必有因，会形成黑羊效应的团体，本身必然存在着某些缺陷。最常见的就是当一个新的团体刚形成时，彼此互相陌生，每个人都不知道该怎么面对彼此，除了打招呼以外，就没有别的话可聊了。这时，如果找到一只“黑羊”，那么，大家都会知道，攻击“黑羊”准没错，这样就能接得上话了。如此，彼此之间就有了可供聊天的话题，而不再感到尴尬了。其次是，有少数甚至一个人加入原有早已熟悉的团体中时，新人与旧人之间，因为习惯上的差异，必然存在着张力，而抓出一只“黑羊”（通常是新人，但不一定，有时是旧团体原本的“黑羊”或“准黑羊”）来围攻，也是让新人与旧人产生共识，而让新人能够快速融入旧团体中的一个有效的办法。最后就是整个团体遭遇共同的压力，不管是什么样的压力——“公司有裁员的风声”也好，“组织再造，部门与部门之间合并”也好，“更换了一位新主管”也好，“‘黑羊’本身缺乏社会经验与社交技巧，但‘黑羊’的专业能力或身份背景却相当不错，因此威胁到了团体，因而产生惊恐、焦虑、嫉妒等情绪”也好，这时，找到一只“黑羊”，也是常见的应对办法。

当然还有一种情况，就是像第三章中所提到的那位“躁郁症发作”的患者。虽然他是躁郁症病患，但长期规律服药，病情控制得非常好，也不在该疗养院就诊，本来不属于“屠夫团体”的一分子。但是因为紧急送医的错误，把他错关到疗养院里，因而形成了短暂的团体关系（必要条件），基于这短暂的团体关系，工作人员把所有的过错都推到他头上，那么，他毫无疑问也是一只“黑羊”。

值得注意的是，如果团体攻击的对象是另一个团体的成员，或者根本就是另一个团体本身，虽然会有类似的情形，但是在这种情况下，这并不属于黑羊效应，因为此时此刻“炮口”是向外的，那个被攻击者可一点也没打算也没必要与另一个团体有什么瓜葛，对方大可直接就“炮轰”回来，说不定还会赢得另一个团体的掌声。此时，被攻击者因为没有“期待”把自己融入另一个团体，所以压力通常是很低的。因此，我们可以归纳出黑羊效应的“第二定律”——在黑羊效应中，“黑羊”即便遭到不合理待遇，但依旧是期待能融入团体的。

也正是因为“黑羊”有这个融入团体的“期待”，他会听从那堆“旁观者”的规劝，用尽全力想说服“屠夫”们，他不是坏蛋——偏偏这样的行为又会激发“屠夫”们的良心谴责，让“屠夫”们下手更狠，从而形成恶性循环。

看穿黑幕

“黑羊”必须是团体中的一分子，不能是团体之外的任何人和事物，否则就不会引发上述的恶性循环。

加害者也需要救赎

如果你想终结这样的困境，想让自己从“屠夫”的位置上“辞职”。不管是基于你的良心，或基于你跟“黑羊”的感情，还是你不想看到悲剧继续上演，总之，你想终结这场黑羊效应，那么，你该怎么办?

挺身而出，为“黑羊”辩护——这绝对不是一个好办法，因为这么做，只会让你也成为“黑羊”，同时还会让“屠夫团体”更加恐惧与自责，进而加强攻击的力道。

回归到黑羊效应的原始概念——不管是“黑羊”还是“屠夫”，都不是坏人，黑羊效应本身就是一场好人欺负好人的过程。你也必须看清楚这一点，明白在这场“闹剧”当中，没有一个人是赢家，没有一个人需要被牺牲。“屠夫”们之所以会聚集在一起，最重要的因素就是恐惧、良心不安与团体利益。

要想让沉浸在恐惧、愤怒与不安中的“屠夫”们放下屠刀，最好的方法就是让“黑羊”不复存在。也就是说，不必牺牲“黑羊”就能让“屠夫”们的压力得到发泄。当然，这件事说起来容易，做起来就难了。下面我将介绍几个可以实现这个方法的要点，但你别奢望从里面找到一个通则，能够适用于每一个黑羊效应中的团体。

千万不要希望“黑羊”能宽恕“屠夫”

“黑羊”已经承受过很大的压力，他的内心依旧很痛苦，你要他“理性一点”，从“黑羊”的主观感觉来说，那就相当于自己被攻击的时候，还要面带微笑——这根本是不可能的事。如果你这样做，只会在“黑羊”身上碰一鼻子灰，接着，你就会认为，我好意帮你，你竟然不领情。愤怒之余，你就会放弃你的初衷。

千万不要攻击“屠夫团体”

“屠夫”们会聚在一起采取这样的行动，其实是带有很大的恐惧心理的。恐惧的来源不是“黑羊”，而是“屠夫”对自己行为的良心不安。你要是控诉“屠夫”们的罪行，“屠夫”们只好更加紧密地结合在一起，用彼此的体温来安抚那一颗颗不安的心。

认清彼此都是受害者

不管是面对“黑羊”或“屠夫”，尽可能让每一个人都明白，自己不过是深陷于黑羊效应的受害者。有问题的是黑羊效应产生的各种角色，而不是任何一个活生生的人。

让所有人都看到真相

简单讲，就是让每个人都能睁开眼睛，搞清楚自己到底在干什么？让每一个人都清楚，在黑羊效应中没有任何一个人是赢家，就算把“黑羊”赶走了，只要团体所承受的压力没有解除，同样的团体里面，又会重新寻找另外一只“黑羊”。要让团体中的每一个成员都知道，问题不是因为沟通不良引起的，而是整个团体面对了危机，且人们将所遇到的威胁通通转向和发泄在“黑羊”身上，如此而已。

找出问题的症结点

大家一起来，集思广益，找出这个团体共同面对到的问题是什么？在以前的章节中，已经说明了会产生黑羊效应的团体有哪些？只有想办法解决它，才能让团体动力缓和下来，一旦团体没有内部张力要释放，就再也不需要“黑羊”与“屠夫”了。天大的误会都会因为失去冲突的动机而迅速消失。

给予黑羊疗伤的时间

不要期待“黑羊”的情绪会因为“屠夫团体”的罢手，就会立刻获得平复——“黑羊”身上的伤痕已经存在了，团体再一次接纳他，只不过是立即性地减轻心理痛苦。但是，“黑羊”受创的心灵，还需要很多后续的治疗，才能得到愈合。每一位“屠夫”只要有“愿意帮助‘黑羊’走出来的心”就够了，但“如何走出来”这却是更专业的议题，一般来讲，没受过训练的多数人，是无法缝补这些伤口的，也正因为无能为力，那就没有必要因为自己表达出善意后，“黑羊”却不领情，就此再度愤怒。

不要轻易要求大家放下成见，坦诚布公

莫说“黑羊”做不到，连“屠夫”也做不到，抓紧当下拥有的资源，设定一个合理的目标，例如，用“停火协议”来取代“恢复邦交”，因为前者比较可行，后者几乎是痴人说梦。前者可以在一次集会中，大家都明白了黑羊效应，也都清楚了自己扮演的角色之后，在一次大和解当中完成。但是别指望双方言和之后，过去的事就可以完全忘怀——如果你的期待是这样，那你随后一定会很失望，因为双方都没有把心中的仇恨给放下。

禁止挑衅行为

这是最重要的一点，但如果只是想想，没表现出来，那就没有实际意义了。

离开

至于“黑羊”是否自愿离开，这就要看黑羊自己的决定了，当然“黑羊”也没有义务因为接受“屠夫”们的忏悔而留下来。“黑羊”不管要离开还是留下，都是他自己的决定。

上述都是打破黑羊效应的重要方法。如果你只是其中的一个人，我不建议直接由你来倡导，那是非常危险的。更好的方式是让团体其他成员，尤其是单位主管也能慢慢理解所谓的黑羊效应，明白自己的定位，而后开始减少冲突的方法，这个问题就会慢慢化解开来。

看穿黑幕

上述这些方式，最好由“屠夫”团体中悟性较高者来发动，会远比“黑羊”实施来得好；如果是“黑羊”自己，那不妨寻找自己仅存的资源、友谊或是单位的主管，由其他人来发动，会是比较好的方式。

CHAPTER 05

噤声的白羊：旁观者的形成、心境与行为

不属于加害者与受害者的第三方势力

身为黑羊效应中的“旁观者”，不管你清不清楚自己的角色，在黑羊效应开始的瞬间，只要你没来得及逃掉，而你又刚好站在恰当的地方，那么你这个“旁观者”就当定了。你清楚也罢，不清楚也罢，情愿也好，不情愿也好，你必须扮演这个角色。

也许，在内心深处，你根本不想充当这个角色，但是，哪一只“黑羊”是自告奋勇想当“黑羊”的？又有哪一位“屠夫”是生来就想当“屠夫”的？你有你的苦衷，他有他的无奈。

从客观方面来说，当时你在场，对吧？你认识“黑羊”，对吧？“屠夫”们的一举一动，你都看在眼里，对吧？虽然你搞不清楚“屠夫”们为什么要围攻“黑羊”，但你肯定知道有过这样的事情。你可能想帮“黑羊”解除困局（也许达不到困局的程度，而你只是想说清楚什么），就算那丝“念头”只是一闪而过，那确实是有过的，对吧？你也许会辩解说：“当时，我只是一个念头闪过，但我从来没告诉过任何人啊！”

很抱歉，就是那个“念头”——当你一动念，这世界的平衡就因你而改变了。不管你变得比较话多或者变得比较沉默，不管你多说了一句话或者少说了一句话，你这些举动通过一连串的心理效应（不只是黑羊效应）和一连串的自然机制，影响力会越来越强。于是，你再也没办法只当个旁观者，而必须当个参与者不可。

如果你是“黑羊”的家人、亲戚、朋友或长辈，你可能已经听够了“黑羊”向你倾诉的一肚子苦水；如果你是黑羊效应现场的局外人，你可能开始反问自己：“为什么我要听这么多不愉快的故事？承担这么多的情绪？”如果你没问，你的亲戚朋友也会替你发问：“你到底是他的什么人？为什么这段日子以来你说来说去全是他？你到底是欠了他多少钱？还是中了他的邪？”这样一来，你可能依然想帮助那头可怜的“黑羊”，也可能再也不想参与这场闹剧。

然而，你的身体根本不理会你的想法，身体就是会照它自己的意思去做。就算你的大脑通过理性分析，在前一天晚上找出了一万种“不要再去管闲事的好处”给你的身体知道，当第二天上班后，你会惊讶地发现你还是不由自主地瞟向不该看的方向，你的耳朵还是专注地听着不该听的对话。

事实上，这种“置身其中，却又宛若与己无关”的心态，正是所谓“旁观者”的特征。如果有人能站在一个非常遥远的地方来观察“黑羊”、“屠夫群”和“白羊”，就会发现这三种人根本就是同样的一个小黑点。把距离渐渐拉近，虽然越来越能分辨出这三种人的不同，但他们还是受同样的黑羊效应影响下的人们，唯一的差别大概就是角色、关系与心态各有不同。如果我们将这三种人分析如下，就会看出黑羊效应的三种化身——刚好由“黑羊”、“屠夫群”和“白羊”来扮演：

黑羊

承受团体内因为陌生而产生的巨大焦虑时，用主动讨好的行为试图解决彼此间的尴尬与紧张，却始终无法得到答案。甚至诱发其他人形成所谓的“屠夫群”，并使得“屠夫群”通过集体攻击“黑羊”来建立团体的稳定。然而，不管是任何一方，都没人能真正清楚自己行为的动机与意义。

屠夫群

在承受同样的团体内焦虑下，先是有人误解了“黑羊”的善意表现，而后因为面子问题，死不认错。很快其他人发现并加入这个“误解”的行列，可以凝聚共识，有效消除团体内的陌生感和巨大的焦虑。因此，“屠夫群体”越来越壮大。

白羊

与前两类人一样，置身于相同的团体当中。可以推论得知该团体的状况，他们也能感受到那股强大的焦虑，但因为不知道该如何解决，却也无法弃之不理，因而处在严重的认知失调当中。于是，他们让自己开启许多心理防卫机制，让自己免于遭到罪恶感、无助感、内在良知的谴责。

看穿黑幕

被牵连的旁观者，其实都想问同样的问题："我到底跟这个事件有什么关系？撇开道德与良善，谁赢谁输，对我到底有什么好处？"

旁观者的矛盾情结

“黑羊与屠夫”呈现的是“受伤与攻击”的两极，一个莫须有的罪名被“屠夫”们捏造出来，那纯粹是一个“假罪名”，目的是用来帮助“屠夫”们团结起来，而不是“黑羊”真的做错了什么。在内心深处，“屠夫”根本不在乎这个“假罪名”到底是什么，只要所有“屠夫”团结起来用这个“假罪名”攻击“黑羊”，而“屠夫”们感觉到彼此更接近，确保团体的强大、利益与安全，那就够了。

偏偏“黑羊”最想做的，就是澄清他并没有犯下这个罪名。他会竭尽所能地去证明、去辩解、去沟通，而所有在他旁边的人，也都会劝他这样做——但是他绝对不会想到，对方要的就是一个罪名，根本没有人在乎真相如何。当他证明自己的“无辜”时，就等于在打“屠夫”们的脸，让他们下不了台。因为所谓的“真相”，只不过是“屠夫”们为求目的不择手段创造出来的，捕风捉影的过半，剩余的通通是捏造的。就好比没有米的米酒，没有鸡蛋的鸡蛋布丁，它们存在的目的就是要摆在架上卖出去（说服别人），一旦成功完成“赚钱使命”，对众多厂商（“屠夫团体”）而言，只要钞票为真，其他皆假又何妨？反正消费者（“黑羊”）吃到肚子里也不会死。

“黑羊”与“屠夫群”之间这种简单的利益关系，到了“旁观者”这端，立刻变得错综复杂起来，最明显的地方，就是“旁观者”的态度。

我们很难从“旁观者”的行为去判断，他到底是站在哪一边的。事实上，连“旁观者”自己，也搞不清楚自己是站在哪一边的，或者说，应该站在哪一边。

在绝大多数的黑羊效应当中，这三种期待与压力都会出现，这是“旁观者”基于自身地位而产生的角色张力——被“黑羊”所期待，被自己所期待，甚至受到“屠夫”被压抑到潜意识中的良知所期待；另一方面，他们又很清楚如果自己采取什么明确的行动，那么他们很有可能卷入到冲突当中——这是“旁观者”最不想看到的一幕。

看穿黑幕

“旁观者”是哪些人？他们有着什么样的角色期待？这是首先必

须弄清楚的事情。“旁观者”是因为角色而产生的，不同的关系，就会被别人（包括：“黑羊”、“屠夫群”与其他“旁观者”）以不同的方式所期待。

众人对于旁观者的期待

毋庸置疑的是所谓的“旁观者”可能是“黑羊”与“屠夫”共同的同学、同事或朋友等；可能是置身其中的权威者，例如，老师、上司、前辈或长辈；也可能是与现场有一段距离的人，例如，“黑羊”的家人、亲戚、邻居等。但是“屠夫群”基于“遗忘倾向”，不会把这件事转述给其他人听，所以他们的亲朋好友全然不知情，也没有机会成为“旁观者”。

和“黑羊”或“屠夫群”的高度同质性不一样的是，“旁观者”之间的异质性相当大。即便在完全相同的情境当中，遇到完全相同的事件，每一个人都会因为不同身份，不同角色，不同关系，而被其他人以不同的“规格”与“态度”所看待。

“旁观者”被“黑羊”所期待也就算了，一大堆其他的“旁观者”都袖手旁观，看着这位当事人打算怎么办。甚至，连“屠夫群”内心的良知与理性，也会投射到这么一位“旁观者”身上，暗暗渴望他能终结这场黑羊效应的荒谬闹剧。

那么，当你成为黑羊效应中的“旁观者”时又该如何脱离这种困局呢？下面是我在工作和实践中总结出来的一些建议，希望可以对你有所帮助。

直接投入，放弃旁观者的身份

实际上，“旁观者”可以不参与进来，无论基于任何理由，只要不表现得太明显，甚至在私下也可以一起讨论、达成共识的。这并不违背“旁观者”的身份。然而，“旁观者”也可以采取明确甚至激烈的行动，去支持或反对任何一方。一旦行动直接干预到“黑羊”与“屠夫群”之间的动力，那么，他就不会再是“旁观者”。

罪恶感、责备与自我感觉良好

如果一个人在“黑羊”事件当中，始终扮演着“旁观者”呢？前面有提过，即便一样都是“旁观者”，基于角色、关系、能力、权威、社会期待等，会出现的感受与采取的行动也都不同。但是，基本上，当目睹“黑羊”遭到“屠夫群”欺负时，人性中最基本的良知依旧会被触动。而且，随着“越接近黑羊效应现场，例如，与‘黑羊’具备类似处境，也备感‘屠夫群’的威胁”，“与‘黑羊’关系越良好，例如，‘黑羊’多年的好朋友”，

“身份角色上越有义务保护‘黑羊’，例如，‘黑羊’的父母”，被激发的良知与衍生的罪恶感就越强烈。

然而，这些良知通常不会完全转化为支持“黑羊”的力量，相反的，更有可能转变为一种“对‘黑羊’的责备”。因为罪恶感不断萦绕在上述“旁观者”脑海中，会对他们造成极大的痛苦。而“自我感觉良好”本来就是人类本能的一部分，潜意识为了达成目的，只好反过来认定：“黑羊”本身也有错，必须承担部分的责任，最后推导出“黑羊必须深切反省”的结论。因此，“黑羊”在寻求上述三种重要关系人的时候，不见得会得到支持，常常会被反过来告诫：

“为什么别人都没事，就是要找你麻烦？你是不是该先检讨一下自己？”

“一定是你太骄傲了，目中无人，得罪了人，自己竟然还不知道！”

“我早就说过，你这种个性，如果不改，去到哪里都一样被人讨厌！”

“你就主动去找别人讲话，熟了，以后自然就没问题了。”

“黑羊”听了上述这些话一定满腹委屈，但又不敢发作，然后回到现场，又被“屠夫群”欺负一遍；“旁观者”说了这些话，自己的压力就会下降，仿佛自己也尽到了一些责任，而不是全然袖手旁观。没错！我只能很坦白地说，这就是“旁观者”潜意识的自我防卫机制，试图让自我感觉良好，免得遭到罪恶感侵袭。当然，这些话都可以视为“旁观者”试图让自己解压的方式，但是对“黑羊”而言，只会造成更大的伤害，除此之外，不会有其他效果。旁观者的这种心理其实也是我们已经讲过的认知行为失调理论的一种。

应该会有别人伸出援手

其实，“旁观者”除了会有认知行为失调的现象，还会出现另一种相当经典的反应——责任分散效应。下面让我们来通过一个真实的事件了解一下这种心理效应。

1964年3月13日凌晨3点20分，在美国纽约郊外某公寓前，一位名叫朱诺比白的年轻女子在回家的路上遇到一名歹徒。她绝望地喊叫：“有人要杀我啦！救命！救命！”

听到喊叫声，附近住户亮起了灯，打开了窗户，凶手吓跑了。当一切恢复平静后，凶手再次返回作案。朱诺比白再次呼救，附近的住户打开了电灯，凶手又逃跑了。当她认为已经没事，要回到自己家时，凶手又一次出现在她面前，将她杀死在楼梯上。

在这个过程中，当朱诺比白大声呼救时，她的邻居中至少有38位到窗前观看，但没有一个人来救她，甚至没有一个人打电话报警。

这件事引起了纽约社会的轰动，也引起了社会心理学工作者的重视和思考。后来人们把这种众多的旁观者见死不救的现象称为“责任分散效应”。

对于责任分散效应形成的原因，心理学家进行了大量的实验和调查，结果发现，这种现象不是众人的冷酷无情，或道德日益沦丧的表现。因为在不同的场合，人们的援助行为确实是不同的。当看到别人遇到紧急情况时，如果只有他一个人能提供帮助，他会清醒地意识到自己的责任，对受难者给予帮助。相反，如果他见死不救，就会产生罪恶感、内疚感，这需要付出很高的心理代价。

而如果有许多人在场的话，帮助求助者的责任就会由大家来分担，造成责任分散，每个人分担的责任很少，旁观者甚至可能连他自己的那一份责任也意识不到，从而产生一种“我不去救，会有别人去救”的心理，造成“集体冷漠”的局面。现在，你明白为什么人们可以眼睁睁看着“黑羊”惨遭毒手，而一点感觉也没有了吧！

不要问我，我什么都不知道

上述的两种效应，在这位“旁观者”越往“紧密”一端移动的时候，会越来越强烈；倘若相反的话呢？我们会立刻看到第三个效应出现，人们会采取的反应，就是没有反应。

“黑羊”在面对这些“旁观者”时，通常会有种被背叛、被抛弃的感觉，但事实上，在某种程度上，这样的做法不只是保护“旁观者”而已，对于“黑羊”本身，也是有保护效果的，至少，不会激怒“屠夫群”的行为。

虽然不是每个人都当过“黑羊”，或者当过“屠夫”，但是很多人都当过“旁观者”。我只能强调，当你处于“旁观者”的角色不知道该怎么开口时，冷场了或者对方哭了，那都是很自然的现象。该冷场就冷场，对方想哭就让他哭，没话讲就没话讲。这全部都是自然的。而你，最好也顺其自然。这么做，就对了。因为一个陪伴，胜过东拼西凑的一万句安慰。

看穿黑幕

当你成为黑羊效应中的“旁观者”，不要让潜意识牵着你的鼻子走，也不要让恐惧带着你没命地跑。同情，不是一个好方法；同理，才能真正倾听到“黑羊”的声音。

CHAPTER 06

内心创伤可以治愈，但受创经历难以遗忘

理解、预防进而解开黑羊效应的困局

在前面的五个章节里，我给大家详细解析了黑羊效应中每一种角色的心路历程。理论上，阅读至此，你应该可以明白："屠夫群"为什么会变成丧失理智的攻击者？"黑羊"又是怎么一步步地把自己变成全民公敌的？在场的其他"旁观者"，又是如何面对这个事件的？你应该站在团体中或团体外的哪个位置？又该采取什么样的立场？你可以扮演什么样的角色？

然而，只是静态的心理特写，对于"黑羊"与其他角色，是不够的。因为问题并没有解决。每一个人，尤其是"黑羊"，更迫切地想要知道——面对黑羊效应，我能做什么？我该怎么做？现在，我将这些迫切需要得到答案的问题，一一列在下面：

（1）黑羊效应的爆发，是一次性的大爆发？还是可以分为几个阶段，一步一步地走向毁灭？

（2）在不同阶段里，如果有成为"黑羊"的可能，应采取什么样的对策？

（3）有所谓的“黑羊征兆”——可以让我们提高警觉，即早预防吗？

（4）预防？又该如何预防？

（5）万一成了“黑羊”，该怎么办？

（6）是否该向专业人士求助？

（7）如果事过境迁，心中的阴影仍无法抹灭，该怎么办？

因此，在本书的后半部分当中，我将要用“动态的观点”来解释：从团体承受压力开始，一直到“黑羊”饱受“屠夫群”的无情摧残，到底是怎么发生的？

看穿黑幕

黑羊效应，就好比电影《黑客帝国》中的母体，你可能身处其中却从未察觉。而当你意识到并看见了问题所在，就是改变与解决的开始。

一位黑羊效应下的受害者

这是我的一位咨询者写的文章，这篇文章里忠实地传达了她的受创经过。在这里，我非常感谢这位咨询者同意让我把她的文章转载出来，而且一字不改。本章的标题，就是咨询者本人确定的。

在阅读这篇文章之前，你可以想一想这位咨询者的大致年龄以及为什么会来向我咨询。读完文章之后，你也可以想一想在这个故事里谁是“黑羊”？谁是“屠夫群”？以及谁是“旁观者”？同时也可以想想，在整个过程中，每一个角色是怎么思考、反应与行动的？背后的理由又是什么？

我读中学时，那个年纪的孩子都很爱观察老师的一举一动。有天，一个老师正在向另一个老师抱怨说：“每个班里至少都有一个被欺负的学生，而且每届都有。”

其实我也发现了，每个班里总会有至少一个“全民公敌”，正如每个班中也都有霸凌现象一样，或多或少、或轻或重，这完全取决于老师管理班级的态度。

在那个封闭的体系之中，一个班级的氛围是由老师的态度决定的。很不巧，我中学时的班级导师非常差劲，而且当时的社会也不太关注霸凌现象。于是，那个将我搞到疯狂而差点自杀的中学生涯就开始了。

班级导师平时对班级总是疏于管理，只会在出事的时候出来骂人，他不是为了管教，而是为了发泄。他对于学生的问题也不想处理，经常敷衍过去。于是这些小问题就开始堆积，直到太大而“爆炸”。

从小我就是性格温顺的人，乐观且善于忍耐，也正因为有这样的性格才使得我留在一个非常糟糕的环境，终至悲剧发生。

开学的三个月之内，我所在的班级陆续转走了五分之一的人，能离去的都离去了，剩下的那些属于父母不怎么注重其学习环境的人。在所有班级中，我所在班级的人数最少，而人数最少则导致后来所有问题转学生都转进了这个班。

中学期间，带给我巨大压力的不是外面那些教改人士在倡导的课业压力，而是那些来找麻烦的同班同学。他们找麻烦的原因有很多，从最开始纯粹的性格歧视，到中间因互相比较而产生的纠葛，又到最后为讨好小团体领袖而发起的蓄意攻击。

最先“攻击”我的是一个长得很丑的男生，他和当时的英文老师同姓，可能正因为如此，使得那个胖胖的英文老师特别喜欢他。那个男生当时所“攻击”的不只是我，同时也“攻击”经常和我待在一起且性格同样比较温顺的两个人，还有其他女生。我们多次跟班级导师提及这件事，但班级导师完全没有处理，于是那个男生也就更加过分了。而我当时是好学生性格，遵守纪律，任劳任怨，不会替自己着想，只会听命于长辈。所以，我决定只跟老师反映，而不作任何法规外的行动。

丑男对我的攻击一开始只是小小的口头挑衅，后来发展成到处跟别人讲我在挖鼻屎，并且带头让班级上其他的同学称呼我为鼻屎。其他恶劣的攻击还有很多，其中最恶质的行为则是在全班换教室时，在我搬着桌椅下楼梯的过程中，他们刻意跑到我后面推撞我，并不断通过口头挑衅嘲笑我。

霸凌这件事不管是班上导师还是家长都知道，只是没有人在乎。跟老师反映后的结果是，从一开始的用“我会处理”四个字了事，到最后变成“你为什么那么多问题，你必须反省自己”。原本我想通过不断反映问题来迫使班级导师去处理事情，最后因老师连做个样子都不愿意而完全放弃了。

另外，我回到家以后，也只能报喜不能报忧，任何时刻都要表现得完美，完全否定一切负面情绪。我不能悲伤、不能哭泣、不能埋怨。从小开始，只要我哭了就一定会被打。我对哭泣一直有一种恐惧感。在家中，哭泣和惩罚几乎是连体婴。我没有任何地方可以去，我总想着，只要我有能力，我一定立刻逃得远远的，永远离开这个地方。

在学校，刚开始我只是不喜欢看到那些个性恶劣的人做的事情，后来，我感到害怕，能躲就躲。但学校班级是一个相当封闭而又狭小的环境，只要别人有心，我根本就躲不掉。后来我觉得那些人很脏、非常脏，看着他们越来越过分的行为，我感到他们越来越脏。于是，我开始通过洗手来清除那些感觉，只要想到他们，我就觉得脏，但偏偏越不愿去想，越容易想到。我洗手的频率越来越高，次数越来越多，时间越来越久，到最后甚至连肥皂都洗不掉那种脏的感觉。

我回家后最想做的事就是洗澡，用大量的沐浴乳和洗发乳洗净，如果洗完后又想到他们，我就会再回去洗一次。当时在家中，我最常做的事莫过于洗手，我在家中一天还换两次衣服，这让我妈非常生气。看见我反常的行为她不仅没带我去看心理医生，反而对我怒吼。

在家里，有时我会突然想到学校而开始哭，我妈就会骂我。我妈知道我很讨厌学校，还故意一直讲，每次报纸上出现霸凌事件就刻意讲出来，恐吓我考不好就会遇到那样的同学。我妈基本上每天都以各种方式批评我，从头到脚。如果我哭了就骂我是林黛玉，过得太好命什么的。我精神崩溃的原因，我妈占了很大一部分。这些精神攻击累积下来，到了考英语听力那一天，我彻底崩溃了，我完全没办法控制自己，不停地流泪，还会发抖，感觉很恐怖。

隔天上学时我对这个世界有种漠然的感觉，拿起本子开始写遗书，内容是我长期被虐待所以恨他们之类的。后来有个同学问我怎么不回教室，我说我等一下会回去，这段对话乍听之下没什么，但却阻止了我自杀。我把写的东西拿给班级导师看，班级导师把我介绍给辅导老师，后来辅导老师打电话通知我妈我的状况，我妈才终于觉得事情很严重了。

我跟辅导老师说我不想回去那个地方，我不想靠近以前的中学，不过辅导老师还是叫我回去。回去的路上我就开始哭，回家后就躺在床上，隔天虽然有去学校但还是呈现废人状态。我妈就说我可以出去住，所以我决定住学校。周日我搬进宿舍，前两天我还很高兴，第三天住宿生要填住址，我发现其中一个室友是从同一所学校来的，很脏的感觉又出现了，结果我在学校只住了一个礼拜就搬回家了。过了一个礼拜，我受不了，说要在外面租房子住，我妈就对我大吼大叫，最后折衷为我妈送我上下学，但不走我以前上学的那条路。

有关精神科医生这件事，一开始我妈跟辅导老师说我不必看精神科医师，只要我不想太多就没事了，我妈就是不愿意承认我需要接受治疗。不过由于我的状况一直很糟糕，我爸妈这才带我去看精神科医师。

这个故事中的学生是一位二十岁上下的女孩，刚上大学半年，才一个学期的时间，就因为与同学不合，逃学又多，面临是否要休学的问题。一个偶然的机会她来到我这，在她原来的叙述里面，其实看不到她经历过这段遭到霸凌的过往经历。见到她的时候，我只看到一个洋溢着青春的活力与对未来有所憧憬的年轻女孩。除了她在陈述“班上同学对她恶意攻击”的时候，其他时间都呈现出愉快的神情与漫不经心的态度。

学校辅导系统，她的导师，她的父母，她曾经就诊过的精神科医师以及高中时给她做过一段咨商的心理师，几乎都认为她有个不愁吃穿的富裕背景，导致她的抗压性不足，造成了她今天疏于经营人际关系这种结果。

可惜，她在会谈室中的表现太愉快了，凡事都能朝正面思考——但是，这像一个与同学刚发生冲突，逃学又只会躲在宿舍，即将面临重修的年轻女性的表现吗？如果她真的办得到这点，那她又何必到处找精神科医师开药，找心理咨询师会谈？

她的行为在告诉我一些“她不愿意再提起的往事”，所以我也响应了，我告诉她，在这里是安全的，我不会因为她说错话而讨厌她。然后，就是上面她自述的故事了。

上述故事的主角，还出现了所谓创伤后压力症候群的现象，那是可以通过心理与药物合并治疗的方法来解决的一种心理现象，我会在后面的章节说明。这位咨询者的家境相当富裕，她不是在烂泥巴中打滚长大的小孩。然而这样的家世背景，却导致没人想了解她的遭遇，不管她怎么求救，旁人只会冷冷抛下一句话“身在福中不知福”。

看穿黑幕

一只“黑羊”，即便没有人会欺负他了，也还是走不出“黑羊”的角色。虽然他一点也不想成为“黑羊”，但他选择了各种能够成为“黑羊”的手段。因为与其等着不知道哪天会成为“黑羊”，还不如自己主动变成“黑羊”。就像人们说的，等死远比死亡还要可怕。

受害者所承受的痛苦，不能被量化与比较

一位富商的女儿告诉我：“从我有记忆的时候开始，家不成家，反倒更像一个菜市场，不管白天或黑夜，总有一堆陌生人在里头跑来跑去。我要找爸爸，与其干等着他回来，还不如去看电视。妈妈有接待不完的客人，我不知道她生我是为了证明爸爸有个幸福美满的家庭，有利于商界形象的塑造，还是为了什么？最可怕的是各种商业聚会，身为长女，我不得不暂停手头所有的工作，去跟一群不认识的人鞠躬问好。喇叭会疯狂地嘶吼，人群会像潮水般涌来，我必须讲着一堆客套话，别无选择。在这样的场合中，一切都可能陷入疯狂的欢乐中，也可能陷入冷清至极的哀伤中。但是，这一切都不重要，重要的是，这样的场景会经常上演。”

这位受害者，确实穷得只剩下钱。而人们也总以自己的价值观去理解——有权有势的人家是不会悲伤的。甚至很多受害者的父母，直到悲剧发生的前一刻，还向所有人炫耀着自己把小孩照

顾成了全天下最幸福的人!

“我今年快三十岁了，我不知道自己要的是什么。我没有朋友，我经常接触的女性，只会跟我炫耀，跟我比较；而男性，总是想让我父亲看到他对我有多好。当我试着隐瞒身份时，我的同学与同事，却一而再、再而三地嘲笑我，捉弄我，联合起来围攻我，我跟他们一直有隔阂。我永远是某某的女儿，除此之外，我什么也不是。”瞬间，这位光鲜亮丽的时尚女子忽然变得情绪低迷，就像是一个流着眼泪的幼儿园女孩，被人抢走了她心爱的泰迪熊，“我很幸福。对！我非常幸福！重要的是，我必须幸福！我对每位记者这么说，同时，还要面带微笑，回答一些莫名其妙的问题。有一次我重感冒，发高烧，头痛欲裂，冷汗直流，几乎都快晕过去了，但我还是撑完了全场，我不能讲错任何一句话，更不能有怨言，否则，我就是身在福中不知福。对！我必须幸福快乐！”

这样的对白，在我们的会谈室里并不少见。她是富商的女儿，又同时有美国双硕士学位，前途“一片看好”，她永远很“幸福快乐”……

前面的两个故事当中，第一篇经由个案同意，因此我一字不改地写上去；第二篇就按照我们的标准保密流程——不只姓名保密，连真实人物的所有信息都已经清除，但是，故事与精神都是一样的。

在这两个真实故事中，我将沉默，不予置评，我只希望你能在故事当中，看到前几章所描述的内容。文字能表达的很有限，我们需要通过您的协助，来看到真实世界中的一切。

看穿黑幕

类似的“剧情”其实在很多人的人生中都真实地上演着，最终的结局甚至会导致受害者自我封闭、自伤、自杀等。而当政府与教育单位试着解决上述难题时，为什么不在事件发生前或是初期就防患于未然呢?

CHAPTER 07

破局，不要给黑羊效应创造机会

如何从黑羊效应的三种角色中脱困

脱离黑羊效应的困局，不仅是心理治疗界的一大挑战，而且是关注霸凌问题的教育界非常重视的话题。黑羊效应虽然不等同霸凌，但两者之间有相当程度的重叠，尤其是在当事人心理受创方面。在前面我说过，脱离黑羊效应的最好的解决之道就是根本不要让黑羊效应存在——换句话说，如果黑羊效应已经在发展当中，那就应该让它胎死腹中；如果黑羊效应尚未发展，但是已经有各种迹象，那就应该让它冰消瓦解。问题是，谁来完成上述的动作？“黑羊”？“屠夫群”？“旁观者”？

事实上，根本没有办法区分这三者，因为，既然我们期待在黑羊效应发展完成以前，就将它消灭掉，或是在团体内部张力快速增加之际，就立刻将团体的不稳定性给处理掉。总而言之，就是千万别让黑羊效应有发展的机会。那么，没有黑羊效应，何来“黑羊”、“屠夫群”或“旁观者”这三种人的区分？既然没有，又该是谁最需要在意黑羊效应的预防呢？

此时，绝大多数的人可能会根据直觉联想到：当然是最有可能成为“黑羊”的人啦！乍听之下，这是很有道理的。因为在黑羊效应中“黑羊”的心理创伤将会是最严重，也需要耗费最多治疗成本的。但是，在一个正在发展黑羊效应的团体，或者张力已经相当巨大，很有可能会往黑羊效应的方向发展的团体里，很笃定不会变成“黑羊”的人就可以高枕无忧吗？其实不然，因为一旦发展出黑羊效应，而“黑羊”不是自己，那就剩下“屠夫群”与“旁观者”两种人可以选择，而这两类人真的就没有损失吗？

回到黑羊效应的定义——一群好人欺负一个好人的过程，没有一个人会在这个过程中不受伤，只是谁受伤比较深，谁受伤比较浅的程度不同，以及谁渴望事实为自己辩护，谁拒绝面对事实来让自己好过一些的应对压力模式之间的差别而已。

成为“屠夫”，黑羊效应会给他一个“永远不能面对”的封印，而这个封印是跟“屠夫”最初的善良价值观抵触的，所以在未来，这个封印会不断消耗他的心灵力量，并透过各种途径试图宣泄出来。在一而再、再而三地担任“屠夫”之后，过多的封印会让这个人无法承受，而被迫作出抉择——要不，改变价值观，变成一个真正能将痛苦加诸于他人也不在乎的坏人；要不，面对自己的罪恶，承受良心的谴责。

同样的，成为“旁观者”，黑羊效应也会给予他一个“必须不断逃避”的封印，而这个封印也会跟“旁观者”原初的价值观抵触，在未来，加速消耗他的心灵力量，而且不断回到“旁观者”的意识层面来影响他。最后，一样会面对跟“屠夫”一样的抉择。

当然，应该有很多人会说，当一个坏人有什么不好？在现实生活当中，绝大多数的人的确也是通过类似的角色，逐渐学会在这个现实社会求生存的。但是“善良”这种思考与行为模式，在经济学上是有价格的，也就是说，“好人”会比“坏人”更具竞争优势。这点虽然违背常理，却是有学术根据与实证基础的——但是已经超出本书的范围，所以就不在这里多加讨论。仅以爱因斯坦很喜欢的“脑内实验”来举例，倘若善良会让一个人居于劣势，那么在物竞天择，适者生存下，善良的人或基因应该会被淘汰才对；然而，在动物之中，我们所见到的却刚好相反：最优势的物种——人类，拥有最多被实践过的美德。

回到主题，姑且假设“屠夫群”与“旁观者”和“黑羊”一样，承受着重大的心理冲突，整个团体都将会笼罩在黑羊效应的暴风圈里面，无处可逃；那么，你依然可以说：“那我干脆把自己拉远一点，拉高一些，与团体保持距离，以保安全。他们要闹，自己去闹，我站得很远很远，远到连‘旁观者’都不算，那么，问题不就解决了？”

表面上，这是一个很聪明的做法；实际上，这么做却会给你带来更大的麻烦。因为你将会面临一个所谓的“黑羊效应的逃避风险”。

通常，当你决定成为逃避者，为了减少被卷入任何事件里头的可能，就必须远离团体，坐视黑羊效应出现，放任整个团体一起陷入这个最常见却也最残酷的心理陷阱。当你对团体表现冷漠，与团体疏离，就不容易得知团体对你的看法；同样的，团体也没机会了解你。当然，如果没特殊的事情发生，团体跟你会保持在互不侵犯的默契里；但是万一发生某些事，而这些事恰好跟你有关，或者有人把责任推到你身上，当人们聚在一起讨论时，如果有人提出了一些对你不利的控诉时，谁会为你辩解？

不管是个人还是团体，对于不了解的人和事物，是很容易把深藏在心底的情绪投射在上面，就好像我们常说的“疑心生暗鬼”这句话，对于不清楚的人和事物一旦产生怀疑，那就很容易把内心的恐惧、负面想象套在对方身上，而自己却不清楚。这时，只要有人误解了你，就会产生认知失调效应，随后就会诱发团体对你的集体误解……这一串连锁反应一直走下去，会是什么？不正是以你为“黑羊”的典型“黑羊效应”吗？

在这里，呈现出了黑羊效应的预防中，最特别的一件事——正因为没有任何人能从黑羊效应当中得利，而且，在黑羊效应发展完成之前，人人都是“黑羊”的候选人，这会导致“忽视黑羊效应”这件事，与成为“黑羊”存在着正相关。而且，当团体中的其他人越发重视黑羊效应，也愿意花费更多精力在避免成为“黑羊”的事情上，那么“有错”的，当然就需要留给忽视黑羊效应的人来承担。如果你无视成为“黑羊”的风险，那么，再自然不过了，你的风险就会快速增加。在这里，我将这种现象归纳为黑羊效应的逃避风险。

看穿黑幕

无论基于什么原因，团体开始出现适合黑羊效应发展的条件时，重视黑羊效应且愿意花费精力避免自己成为“黑羊”的人越多，态度越积极，越会提高漠不关心的人成为“黑羊”的风险。

黑羊效应的搜寻期、发展期与影响期

然而，如果不逃避，那该怎么做？黑羊效应的杀伤力太巨大，我们不能等到它真正发展成形再来收场。要知道，人身难得，人心更难得。一个受创的心灵，就像一根被钉子钉过的木板，就算在日后拔下那根钉子，那个洞却永远留在木板上了；心灵何尝不是呢？一个柔软的初心，一个向这个世界敞开的心灵，一旦遭到伤害，那伤痕就很难愈合，而敞开的心扉也就会紧紧闭上，难以再打开。

正因为黑羊效应有着虚伪的驯良面孔，让人看似没事，但是内在的危险性太高，杀伤力太强，几乎牵涉到每个心理治疗中会遇到的负面情绪，没有任何一位治疗者或个案有本钱，去亲身尝试那样的感觉。

因此，在本章一开始，我就已经说过，最好的解决办法，就是千万别让黑羊效应现身。换句话说就是，在迎战黑羊效应时，会分成两种在本质上截然不同的策略：第一，如果黑羊效应已经在发展，那就应该让它胎死腹中；第二，如果黑羊效应尚未发展，但是已经出现有利于黑羊效应发展的环境，那就应该移除这些环境因子。前者，虽然黑羊效应已经在发展，但还可以再细分为搜寻期、发展期、影响期三个阶段。

搜寻期

在搜寻期当中，团体开始搜寻“黑羊”，说得简单一点就是人们开始寻找合适的牺牲者。人们承受的压力越大，寻找“黑羊”的动机就越强，速度就越快。人们不会有组织有纪律地行动，而是三三两两，各自按照各种规则，例如先前提到的黑羊效应的逃避风险等，去发现合适的“黑羊”。

由于缺乏一致性，因此，可能出现许多“黑羊”候选人，而后逐渐“淘汰”，直到最后一位“当选人”；但是，也有可能一开始就只有一位，等同是同额竞选，但没达到当选门槛，因此，这位候选人必须不断做出诱发黑羊效应的动作，直到强度足够称得上“黑羊”，被整个团体所共同接受。

一旦团体中的“黑羊”产生，搜寻期就告结束。但是，直到此刻，孕育黑羊效应的压力还没消失，团体还是处于“水深火热”当中，黑羊效应中的各种角色也都还没成型，因此，团体动力会进一步演化到“发展期”。

发展期

在发展期当中，因为群众有了确定的目标，黑羊效应会开始加速发展，越来越强烈，整个团体也会进一步发展出“黑羊”与“屠夫群”，当然，除此之外的人，就会演化为“旁观者”。

这个时期就是“黑羊”快速变“黑”的时期，也就是把一个活生生的同类转变为应当“被牺牲”的对象。团体中会有一群人分化出来，义正词严地攻击这个对象，无所不用其极，明明“黑羊”什么也没做，但是他就是坏，所以该死。而剩余的人，会处于高度的矛盾当中，不知道该怎么选择，因为多做多错，少做少错，不做不错，为了自己的安全，最后只好不作选择，这群人会分化为所谓的“旁观者”。

一旦每个角色都分化完成，发展期就告结束，但是，已经成形的三种角色与相互关系不会因此消失，会持续下去，那也就是“影响期”。

影响期

毫无疑问地，影响期是发展期的延伸，然而，最大的差别是，在发展期当中，原本让“屠夫群”感到兴高采烈、兴致勃勃的“围攻”，却因为“黑羊”不愿意配合，变成一个无聊游戏，因而出乎所有人的意料。“屠夫”们自然感到极度愤怒，而“旁观者”则会有各自的诠释。

在影响期内，整个团体动力是很混乱的，没有人能预料下一步会怎么走，大量的情绪在团体内流动，时高时低。通常，抗压性较差的人，比较容易受到影响，也因为如此，就容易受到煽动，而成为集体意识的代言人。你是否还记得，在前面讨论“屠夫群”的章节里，那位参与暴动事件而后遭到逮捕的裁缝？就是那样，他根本搞不清楚那场游行在抗议什么，只不过大家都在做同样的事，他也那么做，就会感觉到被接纳，成为群体的一部分。人们是温暖而友善的，只要他继续做出跟大家一样的事就可以。

最后，通常是以“黑羊”主动离开为结局，也可能是被迫离开；过程可能温和，可能激烈，可能尖锐，可能和缓。但不管怎样，“黑羊”会承受最大的身心创伤，而“屠夫群”则会出现自我压抑的心理，“旁观者”的反应最多样化、最矛盾也最难以一概而论，由于在前面已经叙述过，在此就不再讨论。

从上面的说明来看，我们应该在什么时机干预，才会是最好的呢？显而易见，发展期比影响期好；搜寻期比发展期好，甚至，根本不要进入搜寻期更好。这就是先前所说的，终止黑羊效应最宝贵的时间点，就在于团体开始承受压力，却又还没产生黑羊效应的那段时间——我们姑且称之为前黑羊效应期。

次佳的时间点，就在于黑羊效应刚发生的搜寻期。在这个阶段，那只可怜的“黑羊”还没被“找”出来，更没遭到无情的抹“黑”，即便有几个人遭到零星的攻击，但是一旦团体稳定下来，这些局部的攻击很快就会平息下来，也不会有人遭受到太大的心理创伤。

然而，一旦逾越搜寻期，“黑羊”遭到团体确认，虽然刚开始时，还不会有太激烈的冲突与创伤，但是“黑羊”这个身份一旦产生，就几乎不会消失，其实，只要团体没有其他的剧烈变动，“黑羊”这个角色是非常稳定的，换句话，想要阻止黑羊效应，已经太迟了。这时，“黑羊”本身已经很难自救，需要有别人的帮忙，才能让团体所遭遇到的问题浮上表面，然后大家共同去解决。

看穿黑幕

若是进入影响期，那更是谈不上预防了，这时就得仰赖心理治疗或药物治疗，来治疗内心的创伤了。

抢在风暴成形之前，就先终结掉一切

任何一场风暴来临前，都需要漫长的时间来累积能量——自然界的热带气旋要转变为台风，过程是如此；人类世界的集体情绪、思维与行动，也是如此。为了方便说明，有一个术语叫“团体动力”经常被使用在描述一群人内部蕴含的能量与转化的行动上。然而，团体动力的精确定义到底是什么？却是一件不容易说明的事情，因为每位实务工作者，都用自己的方式来使用这个字眼，久了，这个词汇的定义也就模糊了。

我一直试着想避开“团体动力”这个有多重意义的惯用语，但写来写去，却发现还是这个名词最好用。最后，索性用了，但为了避免混淆，还是声明在先，在这里，“团体动力”指的是一群人之中，人们因为各自的角色、身份、内部相对位置，基于传统、制度、分工与团体外部的影响，所产生的系统性的权力、能力、权利义务等互动关系。

我们大可不必在这个名词上钻牛角尖，你直接把团体动力视为一个海绵，不过不是人造或已经被捞起来晒干的那种，而是还在海底，活生生的一块海绵。这块海绵跟所有的海绵都一样，是由无数个有机体所组成的，它们聚集成团，以滤食海水中的浮游生物为生。每一只小海绵都是活的，会不断将海水吸入，滤出食物，然后将其他的物质连同海水一并排出。

我们不妨来阅读一段有关海绵的介绍——

海绵动物体壁上有很多小孔（入水孔），游离的一端有大孔开口。海绵的细胞虽已开始分化，但未形成组织和器官，也没有形成真正的胚层；体壁由内、外两层细胞构成。外层细胞扁平，称皮层（扁细胞层）；内层细胞称胃层（襟细胞层），生有鞭毛，多数具有原生质领，称领细胞，主要起摄食和细胞内消化的作用；入水孔通入体内的沟道，与领细胞组成的鞭毛室和出水口组成复杂的沟道系统。含有食饵的海水，通过内层细胞鞭毛的不断振动，从入水孔流入体内，不消化的东西随着海水从顶端的出水口排出体外。在内、外两层细胞之间，还有一层中间层，其中有像变形虫的游离细胞、生殖细胞、造骨细胞、海绵丝细胞等。

你说，这样的生物，究竟要把它视为单一的多细胞生物？还是一大群单一细胞组成的“部落”？如果是前者，摆在眼前的事实是，每一颗海绵细胞都是独立生存、繁殖与延续生命的，它们之间并没有神经结构来统一整个生命体的反应与行为步调；如果是后者，那么海绵细胞怎么会那么聪明，自己乖乖地长成那个模样，有的分化为入水孔的细胞，有的分化为出水孔的细胞，更惊人的是它们生长时，又是谁来指挥？用什么指挥？每一个海绵细胞都很聪明、很自动地长成那个模样——谁让外围细胞拼成一个又一个的小孔？又是谁让内圈的细胞围成一个巨大的出水孔？幸好，我们不是海洋生物学家，不需要回答上述问题。但海绵的表现，却给我们提供了一个很好的工具来模拟所谓的“团体”。

人类就像一个个的海绵细胞，每个人都有自己的生活方式、个人风格，但当人类生活在团体当中时，每个人都需要牺牲掉一部分的个体特色，分工合作，才能完成团体交付的任务。当团体的体质越健康，团体中的每一个个体就越能表现出自己的独特之处，在交互影响下，整体的产能就会越巨大，这时，整个团体动力是完整的，有效率的，良性循环的；反之，当团体的“健康”亮起了红灯，个体与个体之间的互动就会趋于无效的，警戒的，有保留的，越来越多的资源浪费在个体与个体之间的磨合上，信任感下降，个体需要耗费更多精神在与其他个体互动上，整个团体的产值下降。这时，为了继续维护团体的生存，团体甚至会反过来，牺牲某些个体的利益，来维护其他成员的私利，并让团体以一种病态的方式存活下去。黑羊效应就是这种病态模式的表现之一。

若以海绵这种生物体为例，在合适的温度、水质、潮汐当中，海绵欣欣向荣地生长着，每颗海绵细胞都“各司其职”；海绵对于海绵细胞而言，固然是一个“团体”，但海绵存活的海底世界，有着其他各种形形色色的生物，在同类生物与异种生物之间，存在着为数惊人的互动关系，例如，小鱼吃小虾小蟹，大鱼又吃小鱼，大鱼死掉后，尸体变成腐生生物的食物，这些滤食性生物自然会成为其他较大生物的粮食来源，这是一个生态链，而无数生态链所组成的一个生态系，对于“海绵”而言，又何尝不是一个更大的团体？

倘若，上述那块海绵生长的海域里，政府决定兴建一座发电厂，而冷却水排放口，就正对着这个海域。一旦发电厂开始营运，大量的废热就会被排放到这里，结果，海水的温度自然会升高，而原本已经保持很久的这个生态系，就会因此天翻地覆。此时，这块海绵自然会处于动荡不安中。就任何一个海绵细胞而言，它所身处的团体，就处于承压状态，而且，压力来自于外部。

另外一种情形，就是该海绵年岁已大，太多陈腐的物质堆积其中，基于自然生老病死的过程，整块海绵起了不可逆的变化。有生自然就有死，对海绵如此，对团体亦如此。这时，团体一样是处于承压状态，而压力的来源，则在于内部。

海绵是柔软的，一脚就可以被踩扁，拿开脚，海绵又会慢慢弹回去。团体亦然，当团体承压时，团体能够吸收一定的能量，但是有其极限，当潜水员用刀子割裂它时，那个伤口就再也不能复原了。

既然世界上没有乌托邦，那也就是说“完美的社会”只是一种可望而不可即的想象。每个团体都会因为“个性”不同，“角色”不同，“关系”不同，而或多或少有扭曲，力不从心，受委屈，责任分担不均等事情，被各种不同的团体所吸收。

当团体遭受到这些不合理的对待，就会开始承受压力。而团体跟个人也一样，都有所谓的抗压性。只要团体承压的程度不是很大，会像海绵一样，慢慢恢复成原状。然而，压力一旦太大，不管基于什么原因，大环境问题也好，制度僵化也好，工作效率不高也好，次级团体互相抢夺资源也好，压力到最后得由团体来吸收，而团体承受了太多的压力之后，跟一般人一样，也需要解压的管道。如果这些管道都被塞住了，或者是团体再也承受不下去，唯一的方式就是大爆炸一次，全部的人都撕破脸，大吵一架，就算上了新闻也不怕。轰轰烈烈的白天过去了，当夜幕低垂，人们逐渐散去，只留下一个千疮百孔的废墟，而成员早已各奔东西。

当然，这种类似超新星爆炸式的解组是相当罕见的，绝大多数的团体的“破口”会出现在体内，过剩的压力会让团体动荡不安，人心惶惶，接下来，就要找情绪发泄的“出口”——黑羊效应。偏偏，这样的结果，正是我们最不想看到的。

看穿黑幕

个人的抗压性来自于个人本身的心理健康程度；而团体的抗压性则受到团体内部体制、制度设计、成员互信程度等因素的影响，不同的因素使得所能承受的压力也会有所差异。

集体减压是预防黑羊效应的终极手段

在上一节中，我们了解到黑羊效应是一种团体压力突破临界值的不良反馈，因此及早发现团体在承受压力，以及评估压力的大小，思考如何将团体承压的程度降低，才是破解黑羊效应最根本性的解决方式。一个好的管理者，应该要有足够的敏感度，判断出团体目前的内部张力有多大，而这些张力又会如何改变整个团体动力？

沟通管道地下化就是团体动力开始改变的第一个征兆。团体内部的沟通管道阻塞，人们的意见只好透过私下的方式流动，而表面上，每个人都变成了一个个的“闷葫芦”，什么事情也不愿说，只会互相恭维。表面上是一团和气，实际上是没人敢把心中的话给讲出来。

当谣言开始增加则是团体动力开始改变的第二个征兆。在许多社会心理学的研究当中显示，谣言的存在，关键议题不在于谁是造谣者或哪些人在造谣，甚至也不是这些造谣者的目的何在，而在于为什么这样的说法（谣言）会被人们所相信，且不断传递下去?

探讨谣言的学者提出了一个理论，他们认为言论市场就像一个丛林，所有的说法都会遵守着相同的规则而被传递，谣言的前身，不过只是一种人类在得不到答案时，自己凭空想象出来的可能性解释，如果这些“解释”不足以说服人，那么它就会转瞬间消散掉，而能留存下来的呢?自然都是听起来最合理的解释。这样，这些说法才有办法在人群当中快速传播，超过它被澄清与遗忘的速度。因此，真实法则是没有办法澄清谣言的，只要群众还有困惑，而被揭露的真相不足以满足人们的好奇心，那么，谣言将会继续出现，完全没有办法“理清”。甚至，在绝大多数的时候，谣言是比真相更受欢迎、听起来更真实的。固然，谣言内容不一定正确，但“出现谣言”这件事情本身，就已经是团体动力发生问题的重要征兆了。

第三个征兆就是分组讨论。当然，不是真正的分组讨论，而是团体当中的人们，开始根据私交，三三两两聚集成团，各自讨论，内容却不公开，如果要请任何一位出来表达高见，结果很有可能就是待在那里，一脸困窘，半个字也说不出来。但放他回去，他很快就会嘀嘀咕咕，说个不停。这种现象出现的原因是团体中原本一致的信任感，目前已经崩溃了，人们开始结党营私，在团体中寻找属于自己小团体的利益。

最后则是人与人之间的过度讨好。在这一点上，可能很多人都会忽略掉，毕竟讨好又不是冲突，作为一种警讯，似乎有点奇怪。但稍微深思一下——一个人为什么要讨好另一个人呢？如果他是坦然的、问心无愧的，那他干什么讨好另外一个人？他有什么企图呢？我们不妨回头检视礼貌在人类发展史中的意义——两个人伸出手，互相紧握，代表友谊。而这些动作在心理上的意义却是我告诉对方，我用来持武器的那双手是空空的，请您检查；而对方也作了同样的宣示。通过我们互相的确认，我们认定了彼此没有携带武器，而是真的要来谈判的。可见，礼貌在心理学上的意思就是敌意的遮掩，那么，讨好对方又有什么意义呢？更甚者，彼此互相讨好，信息可就更加强烈了。

下面，我就将上述黑羊效应即将爆发的四大前兆做一个简单整理：

沟通管道地下化

表面上，大家除了场面话以外，什么也不讲；而私下的时候，会开始大量交换彼此听到的消息，各自的想法与对未来发展的评论。

谣言流通数量异常的快速增加

正常状态下，谣言是团体对不得而知的事物的揣测（未经证实），也是团体中必然存在的“地下电台”“无线电”等，“某关键词的被搜索量”当然也包括在其中。如果这类谣言突然大量滋生，表示团体承受的压力已经濒临极限，随时有引爆黑羊效应的可能。

结党营私，小团体之间互不交流

小团体是每一个团体当中，必然会出现的现象；但是小团体与小团体之间，也存在着类似人与人的互动，就好比“团际关系”。当小团体之间的互动转趋减少，或者出现防卫姿态、敌对情绪，那意味着支撑团体的信心已经减少到无法维持表面框架的状态，黑羊效应随时可能发生。

人与人之间的互动，出现“过度讨好”的现象

就如上面所说，礼仪其实就是内心敌意的倒影，当人与人之间越来越有礼貌，甚至彼此讨好时，不难想象接下来会发生什么。

作为团体的一分子，切记这四种迹象，它们犹如小地震，平时就会出现，也不会带来什么灾害。很自然地，有人就会说：

“我那边，这四大迹象全都有，而且几十年了，也没怎样。有什么好怕的？”

但关键就在强度与频率。假设黑羊效应是一种疾病的话，我们谈的都是“急性发作”，而上述“普遍而且长期”的状况，就好比“疾病慢性化”了，一时三刻不会怎样，但整个团体的效率会明显下降。不过，不要忘记休眠火山沉睡几百年，偶尔，也会来个“慢性病的急性发作”。总之，上述征兆突然过于密集地发生，一样可能是大地震来袭的前兆。

看穿黑幕

适时的减压就如同“正常能量释放”，但若是频率过高，就要担心是不是压力即将一口气喷发的前兆。

当发现身处黑羊效应时，我们能做些什么

如果你是管理者，就需要注意了。你毕竟对自己的单位处境最了解，也最明白压力的来源与解决之道，而你的管理作风，也会影响团体内部压力。身为管理者的你，是最能阻止黑羊效应的人，也是最责无旁贷的。您读到这里也很有可能冷冷地抛下一句“我只是一个小小的螺丝钉，以我的分量，就算预知了黑羊效应的到来，又能够做些什么”。没错！上述的说法，都是针对管理者而设计的，如果你并没有任何权力改变什么，那你又能怎么做？最糟糕却也是最常见的一个现象是管理者认为事不关己：“我又何必做那么多呢？黑羊效应？黑羊效应又怎样？反正再怎样，也涉及不到我，我怕什么？”而面临黑羊效应威胁的人，却偏偏半点权力也没有，只能在那里遭受“屠夫”的围攻。

然而，故事当真那么悲情吗？其实也不尽然。因为，在黑羊效应正式启动以前，谁也不知道最后谁会变成那只“黑羊”。换句话说，当团体开始承受过多的压力时，黑羊效应就越来越逼近

了。但在此刻，却没有太多人有心理准备，而没有心理“建设”的承压团体，就是黑羊效应肆虐的最佳对象。不管是谁，都不要那么肯定地认为“黑羊”绝对不会找上你。

如果可能，你最好的应对方式，就是要在黑羊效应真正袭来之前，尽可能让绝大多数的人，意识到黑羊效应的可怕，如开一场读书会或是去参加一个类似的课程。总之，要尽可能地保持自己的活跃状态，并让更多人能建立起“黑羊”意识，这是最有效的防御措施，而你也会因为热衷于公共议题的参与，破解了“黑羊效应逃避风险”的诅咒——因为你现在有了一个新话题，可以凝聚群体的力量，而每多一个人意识到黑羊效应，你这一边，就等于多了一位生力军。

当所有已经从黑羊效应中觉醒的人们，开始为了自己生命攸关的议题而奋发起来时，这股热情与动机，将有助于人群有节制地控制住自己在团体中所遭受到的压力，掌握到更大的包容力，更重要的是赢回所有话题的主控权。

看穿黑幕

当所有可能成为“黑羊”的候选人团结起来时，“屠夫”再想攻击他们，可就不是一件容易的事了。

CHAPTER 08

如果黑羊效应无可避免，你要如何自救

别让自己成为受害者候选人

当团体的压力无法消除，黑羊效应的爆发无法避免时，你该怎么办？通过前面的章节我们已经知道，团体会将无法消除的压力转向内部，从而催生黑羊效应。特别值得注意的是，这整个历程的第一个动作就是“搜寻期”。就如上一章所描述的那样，在搜寻期当中，如果“黑羊”不是等额竞选，通常会经历一段复杂的过程——不断淘汰掉不合适的“黑羊”，到最后，只会有一只“黑羊”留下来。那么，在这个过程中“屠夫”们选择“黑羊”的规则是什么呢？

当事人与该团体的主流文化越不能融合，越有可能成为“黑羊”

一个文化形态能够在一个团体中成为主流，必然有它的潜在因素。每一种主流文化形态都会有不同的形成因素、背景因素和维持因素。因此，每一个文化形态要成为主流，都势必涉及该

“文化形态”在该时、该地、该团体中的“功能”——该“文化形态”显然解决了一些问题，也发挥了一些效用，更重要的是没有其他文化形态能够与之竞争或是超越它的效率。

主流文化形态会因时空背景、权力结构与总体需求的不同而有所差异。同时，在不同背景架构的影响下，也会有不同的意义。

可见，一种形态成为主流文化显然是与众人的认知相符的，所以当你无视主流文化自行其是时，自然会得罪那些支持者，也等同暴露出其他人“忍气吞声，被迫接受”的事实。这会引起那些人相当程度的不满，他们一旦怒气集结，而你又是独行侠，实际权力也不足以保护你，那你就很有可能变成一只地地道道的“黑羊”。

越是显著的目标，越容易成为团体成员中共同的敌人，从而变成“黑羊”

在前一点当中，我们面对的是因人因时因地不断变化的“主流文化形态”，需要配合的“关键”可能为数众多；但反过来，却有一个非常经典而千古不变的原则，那就是“低调”。既然寻找“黑羊”是一场“淘汰赛”，那么在一个承压的团体当中，如果你被越多人认识，你的风险就越大，尤其在价值系统混乱的时空与人事背景下。这种现象不只常见于东方文化，在西方文明中也是一样的——要不然，哥白尼就不会被绑在火刑柱上被烧死，更不会有所谓的“猎巫行动”：从十二世纪开始，到十六世纪达到高峰，一个人可能只因为地方上的一些不幸现象，加上别人的指控与一些荒谬的“证据”，而被指控为巫师被活活烧死。通常，这些人的社交网络都较为薄弱，因为特立独行而目标显著。据说，在这三个世纪内约有十万人被处死，其中绝大多数是女性，尤其集中在宗教改革时期。而真正的“凶手”正是承压团体：当时备受未知的恐惧和对巫术害怕的民众。

“显著目标”可能受到称许，可能受到重大损失，更有可能在未来得到平反而有个完全相反的历史评价。“显著目标”唯一不能改变的是，成为当下承压团体“黑羊”化的风险。当然，“屠夫”与“黑羊”也是可以转换的。有些时候，在一个松散的团体中，某个次级团体的“屠夫”，却会变成另外一个团体的“黑羊”；在一群准“黑羊”当中，胜出的变成某个次级团体的“屠夫”的现象也是很常见的。

个人色彩鲜明者

有特殊习性，特有贡献或事迹，社交能力太强或不佳，甚至有心理困扰、身体残障与精神疾病等特性的人，通通都是“黑羊”人选的关键要素。这一条原则隐含了第二条原则的衍生与补充。在第二条当中，已经说明，越是“显著”的目标，越容易成为团体成员中共同的敌人，而变成“黑羊”。这一条更是指出“显著”的定义，只要让群众看得见，不管正面事件或负面事件。个人色彩鲜明也好，个人习性特殊也好，个人特有贡献或事迹也好、社交能力太强也好，社交能力不佳也好，有心理困扰也好，有身体残障也好，患精神疾病也好，通通都会成为他们攻击“黑羊”的原因。

但在这里要强调的是，黑羊效应并不是权力斗争，并非有人有意识地追求利益，但在寻找“黑羊”的过程中，从“黑羊候选人”到“黑羊”诞生，以及“黑羊”跟“屠夫”之间的互动，却是一种很类似权力斗争的状态——有意识地追求不会当“黑羊”的权力。无论在动机、思考、策略方面，还是在行为模式上，都遵守着权力斗争的原则。行使权力，让对手或第三人成为“黑羊”，就是你的利益。

你能赢得多少群众，能取得多少资源，拥有多少团体需要的关键要素，全都会变成“墙头草”倒头方向的依据。当你的社交能力越差，越不具备获得人缘的领导能力，你的势力就越会显得薄弱，自然越容易成为被攻击的对象。反过来，你的个人色彩鲜明，个人习性特殊，个人特有贡献或事迹，社交能力太强或不佳，也可能成为权力竞争对手用来打击你的工具。

对于团体其他人的行为无反应或反应过度强烈，也有可能成为“黑羊”

这一条虽然不容易理解，却也是黑羊效应核心精神的衍生。团体虽然是个体的组合，但非常奇特的是，当为数众多的个体基于某些关系而组成了一个团体后，整个团体的表现又会像是原来单独的个体，而且一些原来个体受限于法律、道德与主流价值观而不敢做的事，竟然就会由“团体”这个“超大个体”表现出来，就像前面章节中，那位莫名其妙参加了群众示威游行的裁缝，到最后竟是因为砸烂精品店的橱窗冲到里面抢夺服饰而被捕。

有一种说法就是，个体意识中，被法律、道德与主流价值观限制而不敢做的行为，会被心里防卫机制的“潜抑作用”强制压抑到潜意识中，当团体吸收了一大群民众个体时，这些“不准做”的行为，却在集体意识中，从潜意识浮到意识层面，变成了团体行为的一部分。裁缝师浮现的是“贪婪”，但更多群众运动浮现的是“恐惧”。

我们都曾听说过在人流众多的展览馆、大型购物中心或演唱会当中，因为一些小事故，例如，有人躲在禁烟区的厕所里抽烟，不小心引发火警警铃，由于该机构或主办单位处理不当，导致群众不明原因，彼此恐惧的讹言，最后引发群众大恐慌，人人想逃生，结果却酿成多人在混乱当中遭到人群践踏、挤压以及死亡之类的事故，这就是“个人不明原因产生的恐惧心理，最终汇聚成整个团体的高度恐慌状态。

群体行为往往透露出每一个成员的内心世界。因此，对于群体行为无反应或过度反应，等同对每个人做出了相同的回应。人同此心，心同此理。换言之，一个人对于某些行为应该怎么响应？社会早就有了刻板式的印象。当特定行为出现时，你却没有群体预期的反应（无反应或反应过度），就等于让群体中的每一个成员各自收到一个无人能懂的奇怪讯号。绝大多数人都会因此困惑：“这家伙在搞什么鬼？”面对你发出来的这个奇怪信息，人们将会怎么解读？

把时间拉回到过去，早期人类为了求生存，焦虑与恐惧等负面情绪是难以避免的，而且强度会大于正面情绪，要不然，在那个充满风险的现实世界怎么死的都不知道。即便到了现代，人类虽然不必再担心被猛兽吃掉或是半途遭遇敌人而丢了脑袋，但是新文明一样带来新的风险，求生存的强烈需求依然存在。

因此，当你没有做出群体预期的反应时，每个个体做出负面解释的几率是远远高于正面解释的。结果，早已承压的群体从你这里得到的，将会是更多的压力与威胁。因此，你也就会自然而然地成了“黑羊”。

看穿黑幕

在决定“黑羊”当选人的过程中，处处都充满了不可确定性。很多时候，根本找不到原因，唯一能解释的就是“运气”。但是，基本上，上面我讲到的四个原则还是有效的。遵守这些原则，你将可以优先找出谁最有机会成为“黑羊”。

如何判断自己是否面临被加害的危险

在黑羊效应的搜寻期，我们该如何更好地判断“黑羊”的角色正在接近自己？下面我列出的几条建议可以帮助你判断自己是否正在朝“黑羊”的位置接近。但需要注意的是，必须排除掉“权力斗争”的影响。所以，下面我简单介绍一下黑羊效应和权力斗争的区别。

首先，黑羊效应是承压团体为了释放压力，在自己内部寻找假想敌的过程，权力主要来自于团体成员，而非获得权力拥有者的认同与配合。在黑羊效应当中，有输家却没有赢家，没有任何人能从黑羊效应中主动实现自己追求的利益。但是因为“黑羊”的失势，可能会有意外的获利者。

其次，“黑羊”不清楚自己是为什么遭到攻击的，甚至连对方攻击自己的目的、理由以及对方可以得到的好处也不清楚；最有意思的是连攻击者也不清楚，绝大多数的攻击者只是因为大家都这么做，所以他觉得自己似乎也应该这么做，而且这样做，并不是一件伤害别人的事，至少当时不觉得，反而是一件很有趣的事。实际上，“屠夫群”也并非是故意想获得什么的。

在“黑羊”的“搜寻期”与“发展期”阶段，人们的行为虽然相当近似于权力斗争，但还是有根本性的不同。“黑羊”找出一只就够了，不需要再找第二只（除非团体承受的压力实在太大，否则通常只需要一只）；但权力斗争的落败者却没有限度，直到获胜者再也找不到对自己有威胁的对手为止。

从上面两点的解析来看，黑羊效应是不同于权力斗争的，所以在现实生活中一定要准确区分两者，以免混淆。下面我就说说作为个人如何判断自己是否正在成为“黑羊”。

团体承受压力上升

1.近期内，你加入了新的团体，然后有新人陆续加入你所在的团体，或职务编组有所变动。

2.团体遭遇到客观可见的变动，例如，改组、任务变更、业绩压力、竞争，等等。

3.团体动荡不安，人心惶惶。

4.表面上，大家除了礼貌语以外，什么也不讲；而私下的时候，会开始大量交换彼此听到的消息。

5.谣言流通数量异常的快速增加。

6.小团体之间的互动转趋减少，或者出现防卫姿态、敌对情绪。

7.人与人之间的互动，出现“过度讨好”的现象。

自我感受改变（排除源于权力斗争引起的可能）

1.在团体中，突然感到不明来由的紧张、恐惧或害怕见到别人。

2.在团体之中，明显突然感到孤单，感觉到自己与别人的隔阂快速加大。

3.不明原因的，不希望自己被注意。

4.同时间进入那个团体的人，已经融入团体，跟自己的互动反而减少。

5.与团体打交道时，感觉越来越不自在，出现强烈想躲避的心理。

人际互动改变（排除源于权力斗争引起的可能）

1.别人总是对自己窃窃私语，你若接近，对方随即散开，也否认先前对你的讨论。

2.越来越多的人对自己的工作与行踪感到好奇与窥视。

3.与自己相关的流言突然增加。

4.人们出现对自己莫名其妙的恶劣态度。

5.人们对自己莫名其妙地发出言语或各种方式的攻击。

6.自己的朋友或熟识的人纷纷躲避你。

7.人们对自己的态度过度有礼，感觉上有距离。

出现“黑羊竞选原则”的行为

1.对于该团体的主流文化感觉到难以接受。

2.自己基于工作、职务、角色的原因，在团体中过度突出，引人注目。

3.个人色彩鲜明，个人的特殊习性，个人特有贡献或事迹，社交能力太强或不佳，甚至有心理困扰、身体残障、精神疾病等特性。

4.对于团体中其他人的行为无反应或反应强烈。

出现“身心健康管理”章节下的急性压力疾患的症状。

针对急性压力疾患，我在后面的章节会再有详细的说明。

看穿黑幕

通过上述内容你可以评估自己是否已经成为“黑羊”，如果察觉到你和团体的相处模式不但符合上述特征，且越来越多，没有好转的迹象，那你就要注意了。

当你不幸成为受害者时，要如何自救

万一不幸，自己变成了“黑羊”，此时，千万不要慌张，黑羊效应的第二个时期“发展期”的时间是很漫长的，足够让你思考自己该怎么办；但是在这个阶段要学会进行妥善的“身心健康管理”，不要让任何心理创伤，有恶化的可能。具体的管理方法如下：

自救守则1

你要明白，这是特殊状况，而非常态。社会并非没有公理，你的朋友也不是那么无情，只不过他们通通掉进了一个难以脱身的“黑羊效应”当中。你大可用一个说法来想象他们——他们被某种心理机制控制了。

自救守则2

这种心理机制就是集体意识，那是一个你在此刻打不赢的意识，因此，不要去做无谓的抵抗。

自救守则3

你也无须讨好这个意识，你的任何讨好，只会带来更大的被侮辱，人们会在这个时刻变得异常冷酷无情，即便你哭也好，难过也好，通通一样。

自救守则4

开始把注意力转移到这个领域（公司、学校）以外的地方，找回自己的朋友，回到自己的家人身边，参加更多的活动，花更少的时间在“黑羊场所”，但无需思考是否该离开“黑羊场所”，也尽量不要跟朋友讨论“黑羊场所”，否则你不但不会把朋友的阳光带进来，反而把“黑羊场所”带出去。

自救守则5

在“黑羊场所”保持低调，需要注意的是，有几件事情会结束你的“黑羊”角色：

1.新的“黑羊”出现（通常是新人）。

2.紧急事件出现（例如公司发生财务危机传言，某高层来访等）。

3.威胁事件出现（另一个可能威胁到原有这个团体的新团体或决策发生）。

4.组织变动，“黑羊场所”本身发生内斗等。

自救守则6

如果“黑羊场所”单纯，而你也够低调，这个“黑羊状态”很可能结束。否则，尽早“停损”通常是比较有利的。当然实际情况可能差异很大，“黑羊”到底能不能走？有什么地方可去？是否还有待下去的价值？离开这里的行为是否会加深“黑羊”内心的创伤？这些都需要专业的协助与评估，甚至短期使用药物，也可能发挥重大的效果。

看穿黑幕

当“黑羊”事件时过境迁之后，反而是修补伤口的时刻，就如同龙卷风过境后的家园重建。自己衡量看看，是否需要专业的医疗协助或心理辅导。

做好身心管理，是治疗创伤的最佳途径

要做好身心健康管理，就需要弄清楚“黑羊”经常遭遇的两个障碍症，这两个障碍症包括急性压力疾患与创伤后压力疾患。下面我先对急性压力疾患进行简要说明：

病人经历过创伤性事件，且出现下列两种情形

1.病人目睹或遭遇过一个或一个以上的事件，且事件引起自己或他人实际上或威胁性的死亡，严重受伤或威胁到自己或他人身体的完整性。

2.病人之反应包括强烈的害怕、无助或惊慌。

在创伤性事件发生当时或事后，出现下面三种以上的解离症状

1.主观感觉麻木、疏离或缺乏情绪反应。

2.对周遭环境知觉反应降低（如呈现恍惚状）。

3.失真感。

4.自我感消失。

5.解离型失忆（无法回忆起创伤性事件的重要部分）。

此创伤性事件以一种以上的下列方式持续再度被体验

反复的影像、思考、梦境、错觉，发生瞬间重返过去经验的解离经验或在面临与事件有关的提醒时感到痛苦。

努力避免会引起创伤事件回忆的刺激

如思考、情绪、对话、活动、地点、人物。

明显焦虑或警觉性增加

如睡眠障碍，易激动，无法集中注意力，过度警觉，惊吓反应更强烈以及坐立不安。

症状明显造成对社会、职业及其他重要功能层面的影响

如无法去完成一些重要的事项，或通过与家人谈论此事件来得到需要的支持或个人资源。以上症状出现在创伤事件发生一个月内（持续两天以上，一个月以内）。

急性压力疾患是在事件发生后出现的强烈生理与心理反应，

症状以解离、麻木、混乱与焦虑为主。在这个阶段，“黑羊”刚刚“诞生”，潜意识中的大多数心理防卫机制都会启动，目的在于保护自己，不要让自己被外界事物继续伤害。而在心理防卫机制之中，反应速度最快，作用力最强，最不理性，作用时间最短暂的，应是否认作用与潜抑作用两者。否认作用最原始，也最直接，它干脆就让个案无视于理性，不顾真相，硬是坚持自己所认为的。而潜抑作用会延迟比较久，但做法就是把遇到的各种经验与情绪往内心深处塞，能塞多少算多少，但是对于自己塞了什么，却不过问，也不加以处理。结果，就会让个案看不见自己的情绪反应，如同机器人一样。

也许是因为否认作用与潜抑作用的启动，“屠夫群”对于“黑羊”的攻击都被排除在意识之外。所以“黑羊”等于变得麻木了，“屠夫群”即便加强攻击，这只“黑羊”也会任由“屠夫群”讽刺、叫嚣、恫吓、排挤、孤立等，而不为所动。但这会造成一个很严重的问题——让最后一个和平的可能性消失。

由于“黑羊”感受不到“屠夫群”的攻击，因此，“黑羊”很有可能低估了黑羊效应的杀伤力，同时也高估了自己受到群众的实际影响力有多少。结果就会出现以下几个现象：

现象一

“黑羊”无法感受到问题正在恶化当中，也就无法修正与其他人的互动方式，“黑羊”继续使用原有的社交模式对待别人，结果就是激发出更多的“屠夫群”，同时也让“旁观者”开始感觉到不对劲，纷纷与“黑羊”保持距离。简单讲，“黑羊”虽然知道环境正在改变，自己也变成众矢之的，但是因为察觉不到负面的情绪（被否认作用与潜抑作用这两个心理防卫机制掩盖），就误以为自己是有能力“以一敌百”，不在乎别人的感受。

现象二

其实，这个阶段正是整个团体中，最多局外人愿意扮演和事老的角色，因为他们并未受到团体影响，但也不想看见整个团体被搞得乌烟瘴气，所以一些对于团体参与度比较高且倾向于“以和为贵”的重要人物（可能包括主管在内）会有很高的意愿想“调停”这个冲突，但是对于身受否认作用与潜抑作用的“黑羊”，却不会把握这个机会。而此时这些原本中立的重要人物，就很有可能因为“黑羊”的态度，开始偏袒“屠夫群”这边。

现象三

“黑羊”的不合作运动，会激发“屠夫群”采取更激烈的手段来攻击“黑羊”（因为顾及颜面而点到为止的，“黑羊”都无感），“屠夫群”采取的攻击越强烈，越会让“屠夫群”变得团结，也越会让“旁观者”变得害怕，加快“落跑”的速度。

一旦“屠夫群”发展到能够让彼此得到满足，并因为共同的情感而团结在一起，黑羊效应就无可避免了。但偏偏这时候，否认作用也走到了尽头，“黑羊”不得不去面对现实；而潜抑作用也发挥到极限，负面情绪的处理速度会达到饱和。这时，外界的攻击已经能穿透“黑羊”的心理防卫机制，“黑羊”也慢慢发现自己原来没那么坚强，自己并没有想象中的洒脱以及拿得起放得下的胸怀，自己跟每一个人都一样在乎别人的看法，自己也需要别人的肯定，自己更希望能被团体所接纳，但是为时已晚。

如同先前所述，“黑羊”自始至终都搞不懂自己干了什么千夫所指的事，在心理防卫机制尚能保护自己的时候，对于别人的控诉，“黑羊”只会感到莫名其妙，但是未必认为需要去解决，或者“黑羊”坚信自己可以不在乎。但在这个阶段，“黑羊”可就没办法这么潇洒了。“黑羊”会开始迫切想知道到底发生了什么事。“黑羊”还会遭遇到先前所描述的各种困境。但“屠夫群”已经结盟了，他们凝聚共识、彼此交心，让原本承受压力的团体再度恢复稳定。

这时候已经是影响期——由于在人际互动上的不利，“黑羊”

的心理会开始受到“屠夫群”的伤害。

看穿黑幕

建议“黑羊”安排短期的心理治疗与药物治疗，让原本就不大的伤口早点复原，这是一个比较合理的做法。

如何最大程度降低受害者的损伤

如果“黑羊”的心理创伤一直未曾接受治疗，那就有可能发展成创伤后压力症候群。很多“黑羊”在离开团体多年后，依旧会有这个疾病。如果所受的创伤始终未经治疗，状况也会一直无法改善，甚至全面发展为重度忧郁症。这两类疾病，都是需要妥善治疗的，不是很快就会好转，更不是你不必管它，它自己就会改善的。由于疾病都已经涉及“黑羊”的治疗，因此，我只在这里列出两个疾病的症状与诊断条件，针对“黑羊”的治疗，就留待后续的章节来讨论。

创伤后压力症候群

患者经历一些重大的创伤事件，包含以下要点：

1.患者经历、目睹或面临一些威胁到自己或他人身体完整性的死亡或重大伤害事件。

2.这类事件造成患者强烈的害怕、无助、恐惧。

患者反复体验当时的创伤经验，至少包括下列选项中的一项：

1.患者反复体验到当时的痛苦，包括插入性的画面、思考与知觉。

2.患者一再做着相关的噩梦。

3.患者有如同事发当场那般，相同的反应或感受。

4.面对会勾起当时回忆的事件时，患者会有强烈心理上的痛苦。

5.面对会勾起当时回忆的事件时，患者会有明显生理上的反应。

患者持续逃避可能勾起相关联想的事件，包含下列三项或三项以上：

1.试图逃避相关的想法、感觉、讨论及当时的经过。

2.试图逃避与事发当时相关的活动、地点、人物。

3.无法回忆事发经过时的一些事物。

4.明显减低兴趣，减少各种活动的参与。

5.与别人疏离，格格不入。

6.情绪表现减少（例如，无法感受爱的情绪）。

7.对前途感到悲观。

患者的焦虑度明显提高，包含有下列至少两项：

1.难入睡或容易醒来。

2.易怒。

3.难以保持专注。

4.过度警觉。

5.容易受惊。

当上述三类症状总时数超过一个月时，不仅会对患者造成重大的痛苦，而且损及社会和患者的生活或职业。

通常，症状会在压力事件后的六个月内出现。倘若症状总时数超过一个月，却少于三个月，则可视为急性创伤后压力疾患，倘若超过三个月，则变成慢性创伤后压力疾患。

重度忧郁症

所谓重度忧郁症，就是只有过重度忧郁发作，而没有躁郁症发作的情感性疾病。所谓重度忧郁发作，指的是一种具有相当严重程度、且持续时间很长的忧郁。重度忧郁发作必须符合下列几个条件：

下列两种症状当中，至少符合一项：

1.连续两个礼拜以上，几乎每天都处于异常的低落情绪当中。

2.连续两个礼拜以上，几乎每天都异常的失去对所有事物的兴趣。

在忧郁的两个礼拜中，出现下列症状中至少五项，或者五项以上：

1.异常的低落情绪。

2.异常的失去所有兴趣。

3.食欲异常减少（体重减轻）或食欲异常的增加（体重增加）。

4.睡眠异常减少（失眠）或异常的增加（嗜睡）。

5.活动上的异常，包括异常的迟滞或异常的躁动。

6.异常的疲倦或失去体力。

7.异常的自责或感觉到有罪恶感。

8.专注的能力减弱，或者容易犹豫。

9.有自杀的念头或行动。

这些症状不是因为与情绪无关的精神症状而引起的。

此期间没有躁郁症发作、躁郁混合发作、轻躁发作。

这些症状不是因为药物、身体疾病、毒品而引起的。

这些症状不是因为骤然失去亲人，而身处于伤痛反应之中导致的。

看穿黑幕

对于本章提及的急性压力疾患，创伤后压力症候群，重度忧郁症的成因与症状，因非本书主要探讨的内容，故本章节也只是概括性的介绍，

CHAPTER 09

怎样帮助受害者走出困局，重建自我

你必须学会从严重的创伤中重建自我

这本书已经到了尾声，我们开始讲述这本书中最重要的一个部分。前面说过了，在整个事件中，“黑羊”所受到的心理创伤是最严重的，因此要怎么修复，是非常重要的事情。通过前面的介绍，我们知道在整个历程中“黑羊”承受了整个团体的错误，成为承压团体的牺牲品。并且充满了惊惶、困惑、委屈、羞辱、愤怒、仇恨、无力感、彷徨、不明所以等情绪，几乎人类可以体验到的负面情绪，都会出现在“黑羊”的心中。因为“黑羊”是“屠夫群”与“旁观者”内心矛盾的投射对象，每一个人，都会把自己无法自圆其说的部分，丢到“黑羊”身上。一方面，会认为“黑羊”应该照他的想法去做，其次，又把“黑羊”遭到继续迫害的事实，归因为“黑羊”并不够努力或不按照他的方法去做。最后，被责备的还是“黑羊”。

例如一位从来没遭遇过黑羊效应的母亲，在听到自己女儿面对排山倒海而来的批评声时，几乎会不暇思索地认定，有错的一定是自己的女儿，要不然——总不会全公司几十个人都错了。当然，这位母亲如果愿意想一想，女儿不管做什么、说什么，一举一动都曝露在全公司几十双犀利的眼睛里，她敢犯错吗？她有任何不据实以告的可能吗？

相反地，混在几十个人中的同事，有那么多人力挺，说什么，做什么，都会有一整群人帮他，若是他要为自己辩解，因而含糊其词，指鹿为马，甚至鬼扯一通，可是比“黑羊”来得容易太多了。事实上，一个信念受到越多人支持，它就越会像真的，说服力上升，也没什么人敢反驳。

因此，每一位曾经身陷于“黑羊”角色的人往往都会转变人生观。因为他目睹了社会真实而残酷的另一面，过去他所深信的一切，包括学校、师长、父母先前教的那一套知识系统已经没有用处了。他需要建立起全新的属于自己的价值系统、诠释方式与更为务实的生活模式。

但遗憾的是，很多人在这个阶段，往往又会矫枉过正，把人性想得太邪恶，变成一位偏激的人，与人群渐行渐远。要他再次相信社会的美好，等于是一件不可能的任务。特别是越相信师长与书中所说的一切的人，越容易沦为“黑羊”，在如此巨大的反差之间，他还能相信什么？偏偏，他与社会的敌意与疏离，又会让他更加容易沦为“黑羊”。一个贴近事实、有效适用于现代社会的叙事技巧、价值系统与生活模式，必须在治疗的开端，就立刻开始重建。毫无疑问地，治疗初期，成为“黑羊”的受害者会有很多的心理情绪需要整理，但治疗者必须把握机会，在情绪宣泄的空当之中，将理性的钢筋架上去。否则，如果只是任由“黑羊”宣泄各种想说却没地方说的情绪，“黑羊”一样不知道怎么在这个世界活下去，他将很难走出过往事件的阴影。

因此，理性的精炼与重铸，是疗愈黑羊效应的基本工程，就像现代建筑中，那一根根的钢筋，虽然根本不能遮风避雨，但是没有它们，你的建筑恐怕还没落成，自己就塌了。

但是，需要明白的是架构理性的钢筋，对“黑羊”受创的心灵的治愈效果不是立即表现出来的。疗愈的工作，光靠理性的改变，效果是很有限的——但是，又不能没有。没有心理治疗或药物治疗的协助，根本无法彻底治愈自己受伤的心灵。

创伤就是创伤，摆在那里，伤口是不会自动愈合的。所有“黑羊”都需要接受自己已经受伤的事实——然后才有可能再次走出来。

看穿黑幕

一般的重大创伤后压力症候群患者，知道的真相再多，也可能毫无益处；但基于“黑羊”角色而产生的重大创伤后压力症候群患者，搞清楚真相，却是成功疗愈的关键所在。

越多人坚持的观点，越有可能是错的

“越多人共同持有的看法，越有可能是正确的。”这是一个相当普遍近乎天经地义的想法。但是，这是真的吗？

我们就从最常见的事物“股票”开始说起。乍看之下，这是一件很荒唐的事，因为“股票”似乎跟钱、财富、风险等事物有关，怎么会跟探讨“黑羊效应”的“心理”有所关联呢？但是，价钱高低，不就是人类对一件事物最通俗的评价吗？而买卖股票，除了少数靠股息而长期投资的人，与通过持有股票来取得公司经营权的人以外，大多数人买股票，不就是想低买高卖，赚取差价吗？

那么，何谓低价？何谓高价？这不就涉及了人类对事物的“评价”，以及随之而来的“行动”与“反应”。而股市的规模有多大呢？每一天，每一份报纸，实体的也好，网络上的也好，都会有当地的股市信息，外加美国道琼斯、纳斯达克、标准普尔的信息，通常还会有一堆专业的投资频道跟平面媒体与为数惊人的网站或网络新闻在讨论与分析股票市场的状况。市场上，还有为数众多的基金公司与其发行的主动型基金，他们雇用了一大堆专业人士，整天研究。这种规模的“团体”够不够大?

然而，你不妨回想一下，自己或者亲友中，投资股市是想赚钱？还是想赔钱？我想，应该全部都是前者吧！但是，在你的朋友中从股市赚钱的人多？还是赔钱的人多？我想，一般的人，若非任职于相关产业，十之八九应该都是赔钱居多吧！先不要搬出内线交易、证券交易税费等一大堆理由，我就只问你：“你买卖股票时，有人拿枪指着你的头，命令你买卖某一只股票吗？如果没有，那么，你为什么老是挑选会赔钱的交易来做呢？更进一步说，为什么市场上八成的人都跟你一样，总是乖乖地捧着自己的钱给另外两成的人赚，而且还乐此不疲呢？”

华尔街有句名言：“行情总在绝望中诞生，在半信半疑中成长，在憧憬时成熟，在充满希望时毁灭。”这句话应该是每位投资客耳熟能详的语句，这说法也一而再再而三地被证明。既然，连赚钱的秘诀都有了，为什么人们还是照赔不误呢？让我们撇开股市，到原物料期货市场，那里就有一个例子——

2012年底，几乎所有知名金融集团都预测“明年黄金会继续上涨”，三个月后，黄金就崩盘；2013年底，同样的那些金融集团又全面“看坏”黄金，几天后，黄金就开始一路上涨。

人们总是喜欢站在多数人的那边，因为这让他们感觉到安心，但是令人安心的团体，容不下任何真实的种子，因为后者让团体感到恐惧与不安。因此，2013年12月敢卖黄金与2014年12月敢买黄金的人就有可能赚走80%人们的钱——但这些人是孤单的、自疑的、痛苦的，甚至是绝望的，打开媒体，四面楚歌，如过街老鼠，一位又一位国际级大师，用一堆让你看不懂的符号，证明你在当下买卖黄金的愚蠢、荒唐、脑残，甚至人品低劣！你唯一能做的，就是信守自己的判断，紧紧闭上你的嘴，默默操作，然后，等待时间来证明一切。

当然，任何人都可以举出相反的更多例子，如大家都相信万有引力，大家都相信不呼吸人会死掉等等……但请注意我的标题——越多人“坚持”的观点。“坚持”跟“同意”或“相信”是不一样的，前者意味着“不确定”与“预测”。

因此，任何一位“黑羊”都需要有一个深刻的感悟：你会成为“黑羊”，并非你做错了什么，虽然你可能也有错，但是“人群”犯错的几率更大。你应该经常听到“如果你这做法不改，你只会让事情重来一遍”。这等于宣布你是错的，而且告诫你必须修正你的行为。但如果我把这句话延伸一下：如果你这做法不改，你只会让团体再发一次神经，犯下更大的错误，结果受害的可是你喔！这样就更贴切一点了吧！

看穿黑幕

“黑羊”必须学会的是，虽然团体犯错的几率远比你高，但那又怎样？面对团体，你就像斗牛士，如果不修正自己，让那只名叫“团体”的狂牛刺到，可是会出人命的。

黑羊效应的起因与结果有所相关吗

绝大多数人都听过空穴来风、无风起浪这两个成语。但事实上，如果没有原因，就不会发生你所不乐见的结果吗？恐怕未必。因为你很难看得出来，哪一件事情是真正的关键要素——事实上，所有事先早已存在的事物，都可能共同参与了一个结果的发生。下面，我就通过一个例子来说明这个道理。

你在一个办公室里，成为人人围攻的“黑羊”；但是跟你同一时间到职的另外一位女生，却安然无恙地度过了这个风暴——虽然，她也是吓坏了。

但是，很讽刺的是，论口才，她比你尖锐多了；论个性，她比你吝啬又爱比较，更爱在别人背后说坏话；论工作态度，她更糟糕，东西丢三落四的；论背景，你们都没什么背景，都是经过主管面试进来的；论长相、外貌，你们两个人都不差，虽谈不上是大美女，但也不至于没男生追。

然而，很奇怪的是，你总是被其他同事攻击，你认为自己是新人，也就忍下了；而她却始终如鱼得水，大家都乐于与她在一起，也很快被办公室里其他比较资深的同事接纳，而你却变成了箭靶，好像所有的错误都是你犯的。

刚开始，大家还只是在私底下说你的坏话；后来，就越来越嚣张，公然针对你的恶意行为层出不穷，到最后，越来越激烈，宛若你是个十恶不赦的女魔头。

这是一个标准的黑羊效应，你成为别人攻击与罪恶感认知失调的对象，办公室产生的大量怒气，就冲着你发泄出来。我们很清楚在黑羊效应里，人们为什么会这么对待你，当然不会是“因为你没跟某某拜码头”那么简单的原因；但是，反过来，也不能排除“你没跟某某拜码头”这个假设；有太多太多的原因存在着，而我们永远无法证明哪个原因是真，哪个原因是假。

“会不会是你上班第一天所穿的衣服，从背后看起来，像经理一年多前被甩的女友，如今你的出现，刚好让他怒火中烧，牵连到你？”

“会不会是你的包包，刚好就跟先前一位闹得天翻地覆，整整半年让大家不得安宁的离职员工经常使用的包包一样？”

总之，你可以类推出成千上万种原因，然后，发现没有任何方法可以证明，不管被证明是真，还是假。

由于人类永远不明白自己的所作所为在心中引起的情绪反应

是什么；更不用讨论到自己生命历程中，旁人的所作所为在自己心中引起的情绪反应是什么。所以，要找到真正的因素，根本不可能。

你不会因为自私自利，就变成“黑羊”；也不会因为心直口快，而变成“黑羊”；更不会因为没搞懂所处环境的派系斗争，因而成为“黑羊”。所有这类单一而独断的解释，其实只是反映了你自己或与你讨论这件事的人的心灵阴影的投射。因此，从来不迟到的老爸，很有可能推论出“你就是散漫，不认真，才会被人家骂”。心疼女儿的老妈很有可能推论出“因为你太善良，看起来太好欺负了”。很遗憾的是，没人知道真相是什么。因此，“黑羊”在这里必须明白三件事：

第一件事

成为“黑羊”，不代表你必然有错，同样也不代表“屠夫群”是故意的。黑羊效应就是人类在团体中，集体性的思维风暴，空穴照样可来风，无风依然可以起大浪。我们只能说，它是团体承受太多压力之后所产生的毁灭性爆炸。从里面，很难找到一个可供改进的通则，更不应该用这个事件来指控任何一个人，特别是受害者。

第二件事

没有任何办法可以保证“黑羊”能逃离他的角色，我们只能如上一章所述，减少迎风面的面积，如做人低调点。黑羊效应一旦形成，就得要有人牺牲，不然就是有权威者的强烈干预。身为团体中一份子的你，尽可能减少迎风面的面积，低调点，尽量顺着风暴延展自己，贴紧地面。

第三件事

寻找解释，对“黑羊”的疗愈毫无帮助。“黑羊”需要的是力量和安定力量的保证，并且将这安定的力量内化为自己的一部分，顺风飞行，而不是与人群敌对。

看穿黑幕

简单说，任何一个人，无论敌友，内心所担忧与恐惧的事物，都会变成他们对你成为“黑羊”的解释之一。

“别生气”这种安慰话，反而更会激怒生气者

很多人厌恶愤怒，认为愤怒是恨的化身，用愤怒的态度去处理事情，只会搞砸很多事，破坏人际关系，伤害彼此的感情，搞坏了自己的形象，让别人讨厌，浪费时间也浪费生命，造成无谓的人与事物的损失。所以，“黑羊”从早到晚，都会听到一大堆这样的话：“恨他们如果对你有帮助，那你尽管恨他们；如果不能，一直把那些事放在心上，对你有什么好处？”“生气能解决问题吗？学会放下，化敌为友，那不是很好吗？学会转念，换个心情，看看世界多美好！”

不管你是否当过“黑羊”，至少，你自己一定生气过，那时候，别人是不是也会这么说？你听了感觉如何？通常会更生气，对吧？至少，心情不会变好；若会变好，那也是因为别人的陪伴、倾听以及你想到一些你还拥有的人和事物。事实上，很多人一直气难消，放不下，就是因为别人一天到晚劝他不要生气！所以，本来好不容易快忘掉了，别人一说，他的怒气又上来了。

别人生气的时候，要他不要生气，通常会更激怒他。但更奇怪的是人人都知道生气对自己的身体，人际关系，事情处理都没好处，但还是会生气；也都因为别人劝自己不要生气，自己反而更生气，所以当别人生气时，讲上面那些话不但没用，而且还会激怒对方，所以万万讲不得。但偏偏遇到别人生气的时候，我们又会不自觉地把上面的话讲一遍！

而在黑羊效应当中，“黑羊”被众人攻击，他们对抗不了“屠夫群”的围攻，再加上“旁观者”的袖手旁观，不难得知，他的内心有多生气！但是他们不管向谁诉苦，或是有人想劝他不要再白白牺牲受伤害了，每个人都跟他们这样讲，反而让他们更生气。我听过他们大骂这群亲友团的用语，可真精彩。

“放下？拜托！他讲的是人话吗，要是他跟我一样，当着主管跟其他同事的面被奚落，下不了台，请他表演一次‘放下’，有本事做得到再说。”

“你连我要说什么都不知道，就一直跟我说‘你的痛苦我知道’。”

“奇怪，你到底是我朋友还是他们的朋友，怎么全都在为他们说话呢？”

我们试着用另外一种语气说话：

“什么！他们竟然敢这样对待我的朋友！岂有此理！他们算

老几，谁怕谁？告诉你，这件事我管定了！”

当原本愤怒的对方，听到你这样说时，你猜，他们会如何反应？当你比“黑羊”更激动时，通常，原本一肚子怒气的对方，非常有可能会反过来，劝你说：“不要那么激动，这样做，不会对事情有帮助，反而会把事情越闹越大，越难收拾……”这就是最有趣的地方。要理解这样的反应，你得仔细“阅读”愤怒在心理上的意义。人们在什么状况下会生气？生气又在传达什么样的意义？

简单讲，目睹不平事，特别是当受害者是自己时，愤怒的情绪就会出现。愤怒其实是一种无语问苍天的反应，包含着“被剥夺”与“无能为力”两种心理。进一步说，愤怒是人类被夺走、被侵害、被拿走任何原本属于自己的事物且想做些什么却又什么也做不到时，自然产生的情绪反扑。它的孪生兄弟就是“忧郁”，只不过反扑的对象不同而已。

如果“加害者”拒绝沟通且具有无上力量时，人类会倾向于使用忧郁来表现自己“被夺走”的痛苦。如果“加害者”是可以沟通的，而且不具备压倒性优势，人们就会以“愤怒”来表现。最简单的例子，就是医疗纠纷。

举个例子：如果受害者开车撞在路边的树上时，车毁人亡，救出来时，尸体早已冰冷，家属只会悲伤，哀痛欲绝；但如果救出来时尚有微弱的脉搏，消防人员动作神速，只用几分钟，就将其送到了不远处的医院，急诊室医护人员上前处理，发现已经断气，那这时家属可就会愤怒了，医护人员、消防人员、医院急诊处理原则……通通都可以成为他们质疑的对象。这不是一本讨论医疗纠纷的书，我也无意讨论，但我必须指出，这是另一种心理效应，跟黑羊效应有类似的地方：反正有错，那一定要有人错，管他是谁都好。上述的那些紧急救护人员如此，“黑羊”亦如此。

当“黑羊”承载“屠夫群”长期的无理攻击时，他往往已经把所有的可能解释都想过了，但依旧找不到答案。此时，所有的心理防卫机制已经用尽，他若不愤怒（未必会讲出来），那就只好选择忧郁（忍隐不发）。同时，亲朋好友会安慰他什么，他通通都知道，但他渴望的是有人相信他，站在他这边支持他，如此而已。

当其他人老是叫他放下，那就等于要再进一步把愤怒的权利也拿走，那种感受是“加害者不但没有受到报应，这么要好的自己人还为加害者辩护”，他情何以堪？你认为他内心的被剥夺感会不会更强？

反过来，他要的只是有人相信他而已，他有理性，他不会做违法的事，他说的那些狠话，不过是寻找一个阿Q式的“精神胜利”。因此，关于愤怒，人们必须明白如下观念：

软言好语并无帮助

愤怒就如同烈火，缓和与阻止它的话语等同汽油，说得越多，火越旺。“黑羊”往往苦于亲朋好友继续火上浇油的做法，心中的怒火始终灭不了。

用更强烈的愤怒替他出气

要让“黑羊”停止愤怒，最好的办法就是比他还生气——但绝对是严肃的、认真的，不能嬉皮笑脸，故作轻松；否则“黑羊”会有被你嘲讽的感觉，而受到更大的打击。

愤怒不是罪恶的

愤怒是内心的想法，完全无罪；你可以愤怒，但不可以做出报复的“行动”。

你没有忍耐的义务

如果你正是“黑羊”，旁人却继续用近乎白痴的方式来试图安慰你，不要因为旁人跟你的情谊而默默忍下。你没有忍耐的义务，对方也没有因为不知道要怎么劝你而不断说蠢话与做蠢事的权利，你得教会他们该怎么做——譬如买这本书送给他们。

看穿黑幕

愤怒是人类最后的权利，不能被剥夺，它凌驾于所有理性之上，就像被刀割会流血一样，没人可以“理性地跟手指谈判”，然后伤口就愈合了，不再流血。

符号与隐喻，是破解黑羊效应的关键因素

要想完全破解黑羊效应，你就必须进入它的核心。黑羊效应的核心要素很多，但是有一种，却是关键中的关键，那就是符号。

什么叫作符号?符号就是一种表征，代表着一堆意义。在传递信息时，一个简单的符号就可能成为关键因素。不管是语言、表情、手势、动作或行为，都可以作为符号之一。例如，去朋友家做客，朋友跟你说“欢迎光临”，你能正确理解它，所以你会采取相对应的做法。但是，同样一句话，餐厅服务生说，你妈妈说，学校老师说，意义完全不一样。为什么?如果你身上没带钱包，你会婉拒餐厅服务生的欢迎光临，但是会轻轻松松地走进妈妈打开的门。为什么?你是怎么作判断的?关键就在隐喻。人类语言需要说的比例其实不高，其他部分都不是用说的，而是以身体姿势、表情、动作来“说”给你听。下面我通过一个例子来说明这个问题。

有一位中年妇人走到公交车等候区，然后站在车道旁，频频地望向迎面而来的公交车，公交车司机也果真放慢了车速。最后，公交车停在中年妇人面前，车门开了，司机望着中年妇人，中年妇人就走上了车。

公交车司机未等中年妇人站稳，就立刻加油往前冲，过了两站，中年妇人决定要下车，司机停下来，示意中年妇人要刷卡。

请问，中年妇人可不可以说：“我从头到尾都未开口，我当时只是站在那里，看到你开过来，我很好奇，你开那么快，停得下来吗？因此多望了几眼。你却把车停在我面前，还一直盯着我看，我以为你有话要跟我说，所以就走上了车，哪知道你就把车门关了，开始往前冲，也不管我是否有座位，更是不理会我说什么，结果我叫了老半天，到第二站你才听见，才放我下来，等一下我还要想办法回到前两站，是你应该付我车费，不是我该付车费吧。”

你觉得这位中年妇人讲的有没有道理？

这位中年妇人完全忽略了日常生活中的隐喻，似乎在狡辩，但请抛掉所有的社会习俗与习惯，用中年妇人的眼睛、思绪跟逻辑去思考——她的辩解，逻辑是严密的吗？是的。确实整个过程，双方都没开口说过话。隐喻必须是双方都活在同样的社会中，而且双方都充分了解。但你能证明中年妇人了解这隐喻吗？

中年妇人表达自己思绪的逻辑是清楚的吗？是的。她清楚地表达了自己的论证过程，你要说她狡辩，根本无凭无据。但是要你接受她的说法，却又很困难，因为她的说法与行为会跟您脑中的“社会隐喻”严重抵触。

说得更坦白一点，你只不过用你的社会隐喻，包含社会习俗、日常习惯、经验法则，还有你莫名其妙而生的愤怒感，在指控对方的严密逻辑论证而已。

话说回来，法律上，有这么规定吗？没有。如果诉讼，骤然关起门就大力踩下油门的司机说不定还会败诉。理性上，很多人知道这道理；情感上，人却有另外一个相反的声音。而这个相反的声音必然是非理性的，无法用说理来改变它。我们只能用另外一些比较直观的情境来凸显它的荒谬性——

警察来了，一查，发现这位中年妇人原来是个外国人，她父亲是亚洲人，母亲是挪威人，她因此取得挪威国籍。她长年定居在挪威，是一家上市家族企业的前任总裁，但是她很早就退了休，决定过背包客的生活。如今她已经旅游世界7年，今年68岁。她抱着好奇跑到中国来，努力学会中文，又辗转得知有台湾这么一个地方，于是跑到台湾来。这是她第一次来到台湾，第一次搭公交车。

这个时候，请您再想想，这位中年妇人的说辞是否有道理？

差异在哪里？差异就在“隐喻”。一旦你的脑袋里装满了约定俗成的“隐喻”你就会不断受它干扰。

好，当你站起来，做了一个动作，其他同学也跟着站起来，以夸张的方式，模仿你做一样的动作，你会生气。为什么？因为对方把内心的嘲讽之意，用肢体语言的“隐喻”表现出来，而你也读懂了，所以你会生气。但是，如果有个老外问你：“为什么生气？”你一定说不出来，因为那全部是“隐喻”。但是，我的重点不在这里，我要问的是：你为什么偏偏要练习听得懂别人攻击你的“隐喻”？

每当你被“屠夫群”围攻，心情糟透时，一定会有一些看上去对你好的人跟你说一些“情报”。你也许问过他们，为什么要告诉你这些？他们会说，不忍心看你再这样被欺负下去，不希望你从头到尾像个呆瓜一样被蒙在鼓里，所以还是忍不住跟你说了一些重要的“情报”。

对于严重缺乏信息，就像瞎子过马路一样的“黑羊”，对这些“情报”是求之不得的。你可能会充满感激地掏心挖肺，把自己的内心事讲给对方听，而得到的是一些你早有预期，如今终于得到证实的对方丑陋至极的作为。

你会愤恨“屠夫群”，这些身份特殊的“旁观者”简直就是你的救星，你会期待从对方身上得到一点援助。结果，你可能真的得到了一些“重要的信息”，你也可能只获得了一些模糊的字眼与不确定的支持，但不管怎样，你会相当感激对方的所作所为。

当然，我们无法证实，他们是真的有心想帮你，还是想利用你？但我只想问一句话：“知道或证实了你心中高度怀疑的事情，除了能让你更生气，一个人的时候更孤单，对于人性更加失望以外，你还能得到什么？”

好，就算没有这些冒着生命危险来通风报信的“好人”，替你证实“屠夫群”的可恶，你不需用大脑也知道，对方能把事情做绝。但你期待得到什么？事实上，你这个动作就是一种求饶的希望，虽然明知不可能，但你还是不想面对现实，你还是渴望着“屠夫群”洗心革面那百万分之一的机会，希望梦想成真。

那么，我们不如来思考这个问题：有可靠情报显示，“屠夫群”已经开始领悟到自己的错误了，那你是该高兴还是悲伤呢？很多人在当时的回答肯定是：当然是高兴的，事实上，那是你对过往受伤的自己的一种背叛——还没有安顿好过往受伤的心灵，就抛弃了自己的权利，这不是放下，这是另一种伤害，它们以后会在你耳边申诉个不停，让你永远难以放下。因此，每一位“黑羊”都应该知道：

放下不是一时半刻就办得到的

没有准备好就放下或转念，只不过是鸵鸟心态而已。固然，真正的“放下”是最后的目的，但毫无准备地抛弃自己的权利，你将要用更长更久的时间，来为自己的不负责任付出代价。

知道得越多，可能让“黑羊”越迷惘

知道得多，对于“黑羊”一点帮助也没有，这只会让“黑羊”的心更乱，日子更艰难。如果您是出于善意，真心想帮助“黑羊”，请不要再用各种信息来挠乱“黑羊”的心。

判别信息提供者的立场

如果你是“黑羊”，你可以采取一种判断“通风报信者”是善意或恶意的方法，就是请他在大庭广众公然表现对你的善意；或是在已知对你友善的人群当中公开表达。理由很简单，公开表达意见等同署名，一个没署名的信息，等同黑函，可能有价值，但少碰为妙。

留意对方言语之外的符号

身为“黑羊”，每当遇到要提供情报的“好人”时，暂时不要急着生气，不妨抬起头，看看对方脸上若有似无的那抹微笑。

身为“黑羊”，蒙受的损失已经很大，不容再受伤害。而在社交互动上，人们必然会在各个领域有所损失，也有所获得，这是一种交易。各种传统的道德、伦理所要求的对象，并不是针对所有人而设计的，每个人都一样，得先看看，这样的要求，是不是自己负担得起?

“黑羊”没有牺牲自己的权利，因为有太多默默支持与关心你的人，他们完全不想你牺牲，然后满足加害人的欲望。你的牺牲，实际上就是在牺牲所有支持你的人，如果你不放弃“满足加害者的念头”，时间一久，你的支持者就会选择牺牲你。

看穿黑幕

“黑羊”是受害者，受害者没有潇洒的权利。“黑羊”有义务吸取所有合理的资源，让自己有更多机会走出“阴霾”，这是报答所有关心你的人的最好的做法。因此，在做任何事以前，先问问自己“做这件事，对自己有什么好处”。

CHAPTER 10

告别黑羊效应，从伤痛中重获新生

自我觉醒，摆脱沦为受害者的厄运

当你遭到各种无理对待，却还不知道自己已经成为黑羊效应中的“黑羊”时，就意味着“‘黑羊’的意识形态”尚未觉醒。当你终于明白自己就是“黑羊”时，就会开始提醒其他“黑羊”了解自身处境，反抗不合理的对待，直到“黑羊”的阶级意识觉醒，明白身为“黑羊”并不可耻。

以前，当你身陷“黑羊”角色时，就像被套上了一个黑色布袋，然后被狠狠得揍，却完全不知道自己做错了什么。当你终于挣脱布袋，那群加害者却笑嘻嘻地站在你眼前，你根本无法指认出任何一位欺负你的人。而旁观者，远远地站在四周，对你根本不关心。

这件事的结果是怎样的？是你离开，还是团体届时解散，都没有意义，重要的是时间无法愈合这个伤口，你永远也找不到问题所在。你能感受到的只有躁动不安的心跳，盘旋在脑海中的那一幕又一幕的画面与一大堆你搞不清楚的情绪。而你的身体，永远会存在一些你无法解释的行为与病痛。

你在黑暗中摸索着一个解答，但你找不到，你甚至连自己在找些什么也不清楚。你好像在做一个噩梦，一个永远也清醒不了的梦。

然而，凡事有开始，就必须让它结束。如果你的生命在某个时间点上受了伤，而你并没有将它愈合，十年、二十年、三十年后，这些伤口还是会隐隐作痛，继续渗着血，流进你的生命，化为一团浓得化不开的情绪。即便你看再多的励志书，与朋友谈心，在事业上有所成就，也永远走不出那沉沉的忧伤，无法快乐起来。

你需要明白的是无论“问题”有多深，有多难，都可以在日后慢慢思考。但前提是，你得先看到“问题”在哪里，不是吗？这也就是我写这本书的目的。

经过本书漫长的旅程，终于，我们要走上疗愈之路了：想让时间疗愈“黑羊”心中的阴影，你必须主动去了解究竟发生了什么事，而不只是静静地等待。

知识，会让阳光照进来，让这场荒谬闹剧的每一个人，每一件事，每一滴眼泪，每一次义愤填膺，每一句话，都在阳光中现身。

伤口有多深，疤痕有多难看，通通没有关系，重要的是，你必须看到它，看得清清楚楚，而后才能在专业人士的帮助下，或是漫长的自我成长中，让时间抹平这一切。

看穿黑幕

你必须主动去寻找出口，而不只是静静地等待。当你走上了疗愈之路，时间才拥有治愈的魔力，两者缺一不可。

重新诠释受害者过往的伤痛经历

想走出“黑羊”事件的阴影，就跟所有遭遇到重大心理事件的受害人一样，必须重新诠释当初的受创经历，找到另一种角度去理解，让那个事件具备正面价值。

简单讲，在你的记忆里，“受创经历”不能只是一段“有百害而无一利”的回忆，你必须找出它的正面价值，不管多少，只要有，那就有希望。事实上，这个世界的任何事物，本来就不会只有单向的意义，有好，就必然有坏；反之亦然。

举例来说，“获得与拥有”有什么坏处？很简单，看看现在的绝大多数人就知道，工作，看不到前途；财产，说没有其实还有，说有却感觉不到；生活，说快乐谈不上，但要辞职去实现梦想，却又不敢。绝大多数的人就这样被卡在“微产阶级”当中，什么都有那么一点，结果就是动弹不得。如果什么都没有，那你绝对敢去闯，反正不赌，你就是没有，赌下去了，说不定还有胜算。正因为“微产阶级”比“无产阶级”多拥有了些，所以“微产阶级”在很多方面都动弹不得。

如果拥有更多呢？一样痛苦。人终归一死，你拥有的再多，从此刻到死亡，你都得一一还回去，而拥有的快乐，却远少于失去的痛苦。身世、背景、遗传、教养、机会等，每个人都不同，但老天依然是公平的，因为每个人都有各自的烦恼。不妨来看看下面这个例子：

一位老伯，经常在公开场合谈起他悲惨的一生，顺便发出一些“我命苦”的感叹。他常常感叹自己不幸的遭遇，愁苦的情绪，总是锁在眉宇之间。

有一次，我刚好跟他聊起来。老伯说：“我小的时候就很苦，长大以后也很苦，成年之后还是苦，到了现在变成孤单老人更是苦。”故事的内容是很平常的，年轻的时候，他家境不好，没有什么受教育的机会；长大以后只能找到很低阶的工作，靠着微薄的收入养家活口；如今孩子长大了，他进入空巢期，倍感寂寞。他回首一生，实在弄不懂人活着是要干什么的。

“那你还记得你小时后的生活大概是什么样的吗？”我问。

老伯扯了一堆，然后又开始怨叹人生苦闷。

“有没有比较具体的。譬如一个画面，一个情景。”我问。

“有！”老伯想了想，“我记得有一天，我被家里人赶出来，蹲在路边，旁边是我最宝贝的狗，它死了。”

在我惯用的心理治疗学派中，“同理”虽然重要，但是比不上“寻找生命闪亮点”与“寻找生命贵人”这两件事情重要。所以，我决定不采用“同理”的方法，而继续追问细节：“你的狗叫什么名字？”

老伯愣住了，想了很久，才想出一个名字。

“奇怪了，我怎么不太记得它的名字了？应该叫作小黑吧？”

“它叫小黑，所以它的毛是黑色的啰？”

“好像也不是这样，它是我在路边捡到的土狗，身上有各种毛色，土黄的啦，白的啦，东一块，西一块的。你问到我这个，我倒要想一想。”老伯思索了片刻，就又说了一些，“应该是这样吧？”

“它是短毛还是长毛的？”

“不长也不短。”老伯的反应倒很快。这时，我知道这段“治疗”上轨道了。

“它摸起来感觉怎样？”

老伯露出迷惑的神情：“我大概还记得。是软软的，很温暖，很舒服。”

在后续的对话中，我不断追问着那只狗的模样、大小、脾气。我还问到老伯是怎么跟这只狗玩的，以及老伯碰到那只狗湿润的鼻子后有什么感觉。老伯的话渐渐多了起来，我知道他已经回忆起更多跟小黑的事情，旁边的老人们也好奇地围过来听，偶尔还会发表自己的意见，比如“好可爱喔！”之类的话。

老伯越讲越起劲，在我的引导下，开始提到他跟小黑去过的地方，包括鱼市场啦，附近公园啦，小学操场啦等地方。遇到老伯说不下去的地方，例如，小黑不能进他家，我就问他家大门的颜色。如果提到学校，我就问他做课间操的时候，喇叭都会放什么曲目，请他哼哼看；放学时，队伍又要怎么排？如果他提到父亲很喜欢喝醉酒就揍他，我就问他是否有成功逃开，甚至回头捉弄他父亲的故事。结果还真的有！老伯讲了一卡车的这类故事。

当然，基于职业道德，我严格避免问及任何深层的情感或者隐私的故事，也尽可能让所有素材保持在“世俗聊天”下允许被讨论的范围，毕竟，当事人真的认为我是在跟他聊天。任何过度深入的询问，都是一种失礼的表现，也是一种不负责任的行为，我必须控制住所有可能的负面情绪。

在我所隐藏的戒慎恐惧中，我看到他的表情变了，脸上的沮丧与无助一扫而空，取而代之的是混杂了得意、兴奋、满足、快乐的模样，他甚至说了附近某个卖菜的阿姨，在危急的时候会庇护他，让他躲到她家逃难的经历。

突然之间，老伯停了下来，侧着头，想了想，然后说：“奇怪！被你一说，我感觉自己以前过得还挺快乐的，怎么跟我印象中的不一样？当时虽然生活苦，但是很有趣，而且有好多人关心我。不只那些好心人，我的同学，也常常帮我的忙。”

老伯当然不知道，我正在交叉使用“生命彩绘”“生命闪亮点”与“生命贵人”等方法，重新改写他的生命。他就像小说里的人物，原本是很平常的故事，但是经过各种小说手法，他的过去越来越充实，越来越丰富，也越来越有可读性——当然，在治疗中，这不叫作可读性，而叫作“有趣”“有意思”。附近的中老年人也都一一加入对话，我猜，他们大概把我当成了一个好奇的年轻人吧！

“那你多久没回到你说的那个地方了？”

“好久啦！”老伯愣了一下，又恢复兴奋，“对！被你这样一说，我倒要赶快去看看，我没想到，我当时还跑过那么多地方。那个绊倒我老爸，让他一路滚下来的水泥坑洞，不知道还在不在那里？”

“你刚才说的那几个小学的好朋友呢？”

“好久没联系啦！”老伯说，“他们也都老啦！”

“那你还不去看看？”

“我等一下就去看。对呀！再不看说不定就老死了，怎么办？”

附近的老人朋友也开始和他聊起来。我感觉到整个气氛都热闹起来了。显然，他们一同来到那个地方已经很久了，彼此都见过，但是彼此都无法深谈。如今，过去（回到老地方与老友见面）与现在（认识新朋友）的连接已经完成。我知道，这场“治疗“已经结束了。

后来，他们变成了一群朋友，因为我知道他们要相约去爬山。我反倒很少有机会经过那边了。

现代主义的治疗者，可能不认同那是一场“治疗“，外观上，也根本不像，但它确实改变了一个人的生命。

看穿黑幕

你用什么角度看待事情，用什么样的观点去诠释一切，就会有什么样的心境。每个人都活在自己的主观意识里面，客观事实的影响力并没那么绝对。“诠释”的作用力，甚至能穿越时空，回到过去。

驾驭负面情绪，让一切都好起来

前一节我特地挑了一段与“黑羊”事件无关的人生，让读者了解到“诠释”能力对个人经验的影响力，但是，你是否看到，改变发生在什么时候——就在他想到那只狗的瞬间。

人类的大脑，就像计算机一样，会将经常使用的事物储存在快速读写的区域，而不常使用的，就放到“冷宫”去，这是一种提升大脑效率的正常机制。

问题是，人类的另外一个本能，就在于将危险、利害相关的信息，放在最活跃的大脑皮层，也就是说，可能带有危险的、焦虑的、痛苦的事件，会被放在最活跃的区域，目的是强化自己躲避危险、解决问题的速度。

争执、冲突、危险的事物必须优先被处理，美好的事物与经验，如果与前者共同出现时，就必须暂时回避。这是人类演化后的结果，如果不这么做，在这个危机四伏的大自然中，人是怎么死的都不知道。但这类事件带来的，却往往是痛苦、失落、遗憾、紧张等情绪。这也就意味着焦虑、忧郁、挫败、恐惧等经验具有“优先处理权”，只要这类事件存在，快乐、放松、愉悦，就会被排挤开来。

虽然说这样恶劣的生存环境是以数万年前最后一次冰河期的克罗马农人与现代人的生活环境为背景的，但是此刻你我的遗传基因早已在那个年代确定。而自有人类文明以来的这几千年，负面情绪的基因并没因此消失，它们继续发挥着功能，让我们不敢在车水马龙的马路上徒步穿越快车道，在光天化日下当众抢夺别人的皮包，或在一次惨痛的投资失利事件后继续买着你根本搞不懂的衍生性金融商品。

正因为负面经验在心灵世界中比正面经验更具竞争优势，所以谁也不能责怪你总是爱往负面思考。“快乐时光总是过得比较快”的普遍印象如今就有个扎实的基础（或借口）了，因为在一段时间以后，人们就真的会把快乐时光忘干净，只记得前后与生物安全本能有关的负面经验。

当然，在过去，人类受到社会框架高度的限制，每一种人，每一个角色，每一个年纪，该做什么都是很明白的，尽管人们并不知道自己为什么要这么做。还记得本书中那位在暴动事件后遭到逮捕的裁缝吗？他会参与暴动，只不过因为大家都这样做，当你左边有人打破玻璃抢珠宝店的珠宝，右边有人泼洒汽油放火焚烧路边的汽机车，迎面而来都是全身背着名牌包与精美饰品的男男女女时，你不妨问自己，你会比那位裁缝师更能抗拒“从众心理”吗？

正因为社会框架是严密的，所以人类不会失序，身处负面经验中的机会也就大减，但是，时代不一样了。当然，人类的烦恼也就变多了。

唤醒愉悦经验，就是对抗创伤经验的最佳做法。有趣的是，人们基于本能，还是会继续遗忘；解决之道无他，就是再一次唤醒愉悦经验。痛苦与快乐永远处于拔河当中，只要你活着，就永无止境。当然，如果你的信仰告诉你，这是一种沉沦，那我也不能说些什么，毕竟那是信仰。我只能就科学与现实的观点来说，这是一个永远不停息的拉锯战。

人类从感官获取的刺激，最原始数据是以“感觉”存放的；而后，就会被抽象为“概念”；概念再进一步，就变成某些逻辑。非常有意思的是，原始信息存放着最多的经验与情绪，最能提供思考与判断之用的概念或逻辑，却最缺乏情绪与经验资料。我们不妨使用一篇文章来分辨这两件事。

体验版：去找一朵红玫瑰

去找一朵红玫瑰。趁着清晨，云淡风轻的时候。这是花儿最美的时候。

你看见天边的太阳了吗？是什么颜色的？有七彩绚烂的云朵吗？还是刺眼的阳光？空气应该不错吧！可能还会有栀子花的香味。

小心有刺，拿好。花儿美丽吗？帮我算算看，它有多少花瓣？上面有露珠吗？就是那种晶莹剔透的光芒。闻闻看，香不香？那是什么味道？你想到了什么？

山岗？满山遍野的金萱与翠绿？野百合？饱满丰硕的林投？一瓣一瓣的，熟了后，煮了吃，味道不错喔。有没有见到山下那一排小摊贩，那个挂着橙色帆布的小店，它在卖冰椰子，也有林投茶喔！

你看见大海了吗？是有白净细沙的海滩，还是有巨石嶙峋的岩岸？不管，看看那碧海蓝天，听到了什么？除了海涛，应该什么都没有，那么，就脱下鞋子吧！走过去，找一片温润的沙地，让白浪盖住你的脚。这时候，应该闻到了吧？我记得是咸的。碧涛万顷，看到那一颗颗的黑点了吗？跟他们招招手，放心，距离太远，他们看不到的。这个小小的秘密，是完全属于你的。

床垫应该不会太软吧？倘若不舒服，拿起电话，按下上面刻有数字“9”的那个按钮，会有人告诉你该怎么办。倘若没人接电话，跟柜台比着中指，然后赶快跑。

你住在哪里呢？那里美不美呢？椅子有没有乖？不会一路躲着你的屁股吧？如果有乖，趁来得及的时候，赶快摸摸它的头吧！灯泡还发亮吗？是金黄色的，还是白色的？他们也都很乖喔！赞美他们几句吧！洗脸台应该也很乖吧！都没趁机跑掉，欣赏过他们那光华柔细的陶瓷光面吗？弯曲的弧度很美喔！我偷偷告诉你，我曾经见过一副那么柔细光华的脸庞，还有那美丽弧度的手腕呢！

好了，抬起头吧！有没有看到一个人？他正聚精会神地望着你喔！他站在那边，跟他微微一笑吧！猜猜他会有什么反应？

好了。现在该把花朵还给老板了。借来的，终究要还。美丽的花儿要回家了，香水百合、火鹤、鸡冠花、绣球花、卡斯比亚，她们都在那边等着它回家呢！你也该回去了，你的亲友也在等你呢！

赶快去告诉他们，你的玫瑰花有多么美丽吧！他们可能忘记自己也有一朵花的。顺便告诉他们，那片用翠玉与黄金编织的金萱花田，那一尘不染的白沙里吧！还记得海天苍茫的渔火，刻着数字“9”的按键，体贴依人的椅子，亮亮的灯泡还有那镜中人的表情吗？告诉我，他对你微笑了吗？

我也要回去了。是时候了，老板已经来了，他手中正拿着那朵永不凋谢的红玫瑰呢！

逻辑版：去找一朵红玫瑰

这是一篇遗嘱的试拟作品。

体验版与逻辑版的比较

去找一朵红玫瑰，大量使用到视觉、听觉、嗅觉、味觉等感官信息，并且在这些感观画面之中，隐隐约约可见作者在临死那刻回想起这一生的画面。显然，作者应该经常旅行。她还提到了一位朋友，可能是她的爱人。最后，她用老板（体验版中末尾有交代）来描述造物主或上帝，感叹生命就如镜花水月，千载须臾，而她即将前往那不可知的未来。

但是，上述所有的信息，在被翻译成“这是一篇遗嘱的试拟作品”的逻辑版时，你会发现，一切就只剩下十二个字（连同标点符号），里面，什么东西也没有，也无法让人联想到任何事情。

比较一下“体验版”与“逻辑版”带给你的心境。然后，我告诉你，对于某段记忆，当你不再去思考时，大脑就会把“体验版”压缩为“逻辑版”储存回大脑。两个版本的理性意义是相同的，但后者，却会把一切感受、好心情、愉悦的记忆全部毁灭殆尽。

逆转这个程序，就是解决这个问题的秘方，抓住每一个记忆，询问那些越琐碎越没有表面意义的感官资料，你就能把一切找回来。

处理“黑羊”事件，原理一模一样，只是多了一个难度，当时的经验几乎都是黑色的，但是一定有闪亮的钻石在里面。你能找到它吗？

再难过的时候都过了，还有什么好怕的？那我请问，你怎么度过的？全靠自己的力量吗？你的记忆一定会如此告诉你。因为人类在创伤经验当中，为了实现“保护自己”的任务，所有在乎、注意、关切的焦点，通通在自己身上。然而，我想问的是，这是真的吗？当你在最难熬的时候，在每天被踹上好几脚的时候，是谁扶住你，让你不至于倒下的？

一定有人干了这些事。而你身处逆境，面对打击，应接不暇，根本没注意到。要不然，为什么别人撑不下去，而你却活到今天？运气？要一连串的好运气，那恐怕是很困难的事；完全靠你自己？那你未免太高估自己了，一定有个隐形的好心人，甚至是一大群隐形的好心人，因为怕得罪“屠夫群”，而只敢默默地帮助你。

这些人，就是你打开那场黑羊效应的关键人物。把他们找出来，感谢他们，同时，开始按照上面所说的方法，让他们在你生命当中的记忆越来越多样化，越来越真实，越来越有细节，而你，也将找回隐藏在你生命中的这些贵人。

其次，这些贵人到底用什么方法改变了你的生命？好好地去还原它，那就是你生命中的闪亮点。闪亮点跟生命贵人，就足以让你早已死去的心再活过来。

记得先前那个老伯悲惨的一生吗？记得那只小黑吗？记得那位会保护他的老阿姨吗？生命闪亮点与贵人，就是那么平凡，但他们的力量，却是那么巨大。所以，你必须把他们召唤回来。

前面说过的，人类有趋向于负面思考的本质，而这本质，既是痛苦的根源，也是生命安全的保护伞，我们没有办法抛弃它，也不需要抛弃它，因为那就是我们的一部分。在这个位置上，负面情绪跟正面情绪都一样，它们各司其职，互相依存，密不可分。

你或许听过一种说法，“欢愉”让人明白存活的价值与可贵；而“烦忧”却让我们更懂得珍惜前者的可贵与价值。人类的特质，就是在快乐与痛苦中载浮载沉，时而从一堆剪不断、理还乱的烦恼中跳脱出来，突然意识到自己作茧自缚的愚蠢；时而把先前的顿悟通通忘干净，再次为了一些无谓的记忆与想法而烦恼。

当你自以为已经走出来，却发现自己又在为相同的事物而焦虑、忧郁、恐惧、迷惘时，不要对自己失去信心。把“不快乐的权利”还给自己，不必为了任何人而强颜欢笑，那才是通往快乐的道路。

很多励志书都会用慷慨激昂的语句，强调任何人都没有自怜自艾的权利。其实，那样的氛围只会让人像灌满了气的气球，因为过度膨胀而自我感觉良好。只有谦卑地接受“一次又一次，无止境的迷惘”与“一次又一次，无止境的豁然开朗”是共存的，才是符合人性的做法。因此，虽然你永远也无法避免掉进梦魇中，但是你可以更务实地接受，不管掉进去几次，都能再度爬上来。

看穿黑幕

如果你能够不畏惧低潮，那你就再也不会被当年的“黑羊”经验所捆绑。虽然你不能禁止负面情绪来访，但你可以一见到负面情绪时就用最短的时间“送客”。

千万别忽视受害者身体症状的治疗

先前已经明确提到过：在面对黑羊效应时，“黑羊”有相当高的几率出现“精神官能症”。其中，最常见的是急性压力疾患、创伤后压力症候群与重度忧郁症。症状与可供使用的治疗方法，在先前都已经讲过。

药物治疗并不是必需的，但是如果能合并药物治疗与心理治疗，其疗效比单纯使用心理治疗要好上数十倍或上百倍。这是因为身体是一种生理的机体，透过药物的作用，可以有效地解决身体上的症状，就好比心灵需要心理的语言，身体又何尝不需要生理的语言呢。事实上，很多疾病完全是心理问题衍生的。然而，即便通过心理治疗解决了心理问题，身体上的症状依然没有消除。就像发生了矛盾的婆媳最终握手言和，但双方因为拉扯而造成的身体上的淤青，还是会继续存在。

在生理上，身体与药物的关系已经被研究得相当清楚了，身体最大的好处就是“一根肠子通到底”，直来直往，简单有效。

在进行药物治疗的时候，每个器官、每个组织都必须在医师的考虑下，做出一种交响乐般的系统性治疗。没有一个药物是主角，所有药物总和能发挥的药性必然大于个别用药的药效。关键在于，药物与药物之间，药物与生理之间，生理与生理之间，是彼此呼应的一种动态组合。一位医师就像这个交响乐的指挥一样，适当地调和每一个部分，有的采取同类疗法（某症状的治疗药物往往会产生该类症状的物质，但后者是可以由人工运作的）；有的采取欲擒故纵的方法，让身体因为误解而产生过多的反应，却刚好符合治疗上的需要；有的就如家族治疗般，真正有问题的生理现象永远会躲起来，而出现问题的症状却根本不是关键症状。

所有药物治疗，理应要有个治疗计划，不能让患者无止境地回诊，更不能说“精神科的药物要吃一辈子”这样的话。

我们可以举个实例说明：有位曾经被“黑羊”事件伤害过的女性，即便她所接受的所有心理治疗已经奏效之后，在团体聚会时，依然会出现社交恐惧症。在服用了少量的药物后，她紧张的情绪缓解了。慢慢地，在团体中她开始放松了，并有了自信，人际关系也随之大幅改善。我注意到，她需要服用药物的次数逐渐减少，最后，就停药了。这整个过程，就涉及药物使用的授权、判断力充权以及密切的医病互动。

看穿黑幕

我承认，在许多精神科的门诊制度中，要做到上述这样，是需要彼此长时间的信赖与配合的。若您有相关的症状或需求，也请向专业的医师咨询后，由他开立处方，切勿自行使用。

卸下盔甲，无人受害，就是对凶手的最大反击

你必须放下你那脆弱的自尊与那件会累死你的盔甲，诚诚实实地面对自己。身为受害人，你没有必要骂不还口、打不还手，忍受任何不平等的对待。从此刻开始，游戏规则改变了，你必须自觉。世界已经大不同，你可以选择继续在受害者的角色上茫然、愤怒、试图报复，但你绝对要遵守一个限度，不要诉诸于极端行动，那样只会让你惹上麻烦。

其次是，不要期待那些人能补偿你什么，因为他们根本做不到。人类伤害别人的能力永远比帮助别人的能力大得多。自己站起来，然后，倾听你生命中最深层的声音，开始学习为自己而活，必要时，寻求专业心理治疗与药物治疗的帮助。

如果没有遇到黑羊效应，你有权“默默无闻”地过一生，但你遇到了，你只好在“永远无法面对自己”与“成为精英”中作选择。不要以为现阶段的你是精英，或是你的能力不足以成为精英——这世界上有无数个领域，等候你成为卓越的人。卓越，不

能给你什么，但可以证明你没被击垮以及你没被“屠夫”们所伤，因为他们的伤害已经变成你成就自己的一部分，没有他们，你就没办法成功，这将是对“屠夫”的最大反击。

解铃，不必依赖系铃人。不管你的伤口有多深，只要你没死，伤害你的人就不再有资格伤害你。

永远不要问自己做错了什么，可能你会找到一大堆原因，但在找出真正的原因之前，你已经为这件事投入了太多，那是无意义的举动。为什么你会遇到这种事？因为黑羊效应就是一场“集体无意识的自残”，你可以找到无限个答案，但没办法确认哪一个才对。

大声地告诉自己，你身陷“黑羊”角色，你受伤了，你彻彻底底地被击垮了。不管你怎么辩解，在黑羊效应中，你就是那只无助的“黑羊”，会被一群为了自身利益的人围攻。你应该勇敢地承认，就算你的能力再强十倍，资源再多百倍，再努力千倍，就算你今天的成就早已超过当年那群人太多——你依然在那场黑羊效应中落败了——但是，那又怎样？今天的你，早已经不在乎了。竭尽所能将好处吃光，尽可能地让自己越来越强大——这就是受害者的最佳策略。你根本不需要躲避阴暗的过往，不需要跟他们好好谈清楚（黑羊效应中发生的事，不遵循理性），你只需要继续过自己的生活，让自己幸福。直到有一天，你将会发现，原谅这一切，竟是那么容易。

看穿黑幕

此刻，就是放下、转念与结束“黑羊事件”的一刻了。